Elementos de
Estructuras Funcionales

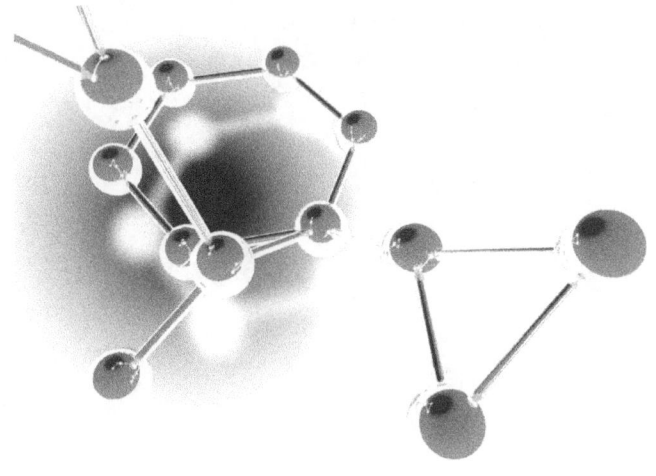

Cristian Aguirre

OIACDI Organización Internacional para el Avance Científico del Diseño Inteligente

ELEMENTOS DE ESTRUCTURAS FUNCIONALES
Por Cristian Aguirre del Pino

EAN 13- **9781449964771**
ISBN 10 -**144996477X**

Fecha de publicación: Diciembre 10, 2009
Filosofía de Ciencia, Bioquímica

Diseño de portada e interior: Mario A. Lopez
Imagen: "Atomic"
Fuente: http://www.sxc.hu/photo/1021854

Impreso y encuadernado en Estados Unidos de América.

OIACDI

Agradecimientos

El borrador inicial de este libro fue escrito en Gran Canaria en 1996 y no fue publicado hasta ahora después de migrar de disco duro en disco duro desde un 486 hasta el presente. Durante los 2 últimos años el mismo ha sido corregido y enriquecido con más material y evidencia científica actualizada a fin de producir una obra que en efecto sea adecuada para la publicación. En este sentido quiero agradecer el apoyo e impulso inestimable de Mario A. López Presidente de la Organización Internacional para el Avance Científico del Diseño Inteligente por su interés y apoyo entusiasta para materializar y publicar este libro así como también por su diseño de la portada, del interior del libro y de la web de presentación del mismo.

También de un modo más general es justificado destacar la encomiable labor que tanto él como su equipo de la website Ciencia Alternativa están realizando en la difusión para el público de habla hispana de los avances en la investigación del Diseño Inteligente reuniendo y transmitiendo, no sólo la investigación de habla inglesa a la española, sino también los aportes de los investigadores de habla hispana en un concierto común para el avance y consolidación del DI a nivel internacional.

INDICE

Capitulo 1
ORDEN A PARTIR DEL CAOS

El Universo es un escenario maravilloso de exquisitas interrelaciones y de finos ajustes que no sólo están presentes en sus constantes físicas, sino que también se hallan en sus mismas leyes. Existen el caos y el desorden, pero también el orden y la estructura.

No hablamos del orden de los cristales de hielo o el que impone la gravedad a una mezcla de aceite y agua, hablamos de un orden capaz de desafiar insolentemente a una multitud de fuerzas que tienden a acallarlo y que es capaz de desarrollar una organización compleja que aún los seres humanos, con todo su avance tecnológico, no han podido superar.

¿Cómo establecer entonces un puente que una el abismo explicativo existente entre la formación de sistemas naturales auto-organizados y la formación de seres vivientes?

Este problema ha ocupado la mente de muchos investigadores de distintas disciplinas científicas. Sus investigaciones pretenden encontrar distintas vías físicas y/o químicas que manifiesten aparición de orden, que puedan modelar la demostración de que la materia puede auto-organizarse sin necesidad de interventor alguno hacia estados altamente complejos como los biológicos.

Otros, en réplica a los anteriores, han invocado la segunda ley de la termodinámica, que nos dice que en todo sistema aislado aumentará el desorden, como impedimento a la generación espontánea de orden y que, en esos términos, la vida no habría podido surgir sola.

Sin embargo, se suele objetar a esta replica que la segunda ley no impide la aparición de orden, veamos qué hay de cierto en esto.

Después de siglos de uso de la tracción animal, hidráulica y eólica, el siglo XVIII dio a luz un invento que revolucionaría el mundo; la máquina de vapor. Esta fue definitivamente uno de los principales actores, sino el más importante, del impulso de la revolución industrial de fines de aquel siglo y el siguiente. Su uso supuso la multiplicación de las cadenas de producción necesitadas de fuerza motriz. Ya se podían superar, con esta máquina, las restricciones que las antiguas tracciones suponían en cuanto a localización y potencia. Sin embargo, desde su origen se buscó la manera de mejorar su funcionamiento y volverlo más productivo incrementando su eficiencia. Como fruto de la investigación científica realizada para dicho fin nació la Termodinámica. En un principio parecía que dicha disciplina científica quedaría reducida a un ámbito bastante pequeño, ya que sus implicancias se limitarían a los aspectos técnicos de los motores térmicos. No obstante, pronto produciría predicciones fundamentales para la física, así como también, sorprendentemente, para el origen y fin de las estructuras del universo.

Para entender como sucedió esto, es necesario abordar primeramente algunos elementos básicos de la termodinámica. Al final del recorrido podremos resolver una de sus más famosas implicancias: En un universo con orden decreciente ¿Puede realmente surgir orden a partir del caos? Y de ser así, ¿En qué condiciones?

Como primer elemento de este análisis es necesario definir lo que es un sistema. Podemos considerarlo como una parte de la naturaleza cuyo comportamiento, suponemos, es independiente del entorno que le rodea. Por ejemplo, una galaxia se puede considerar un sistema de estrellas, el conjunto Tierra - Luna es considerado un sistema de dos planetas, una célula se consideraría un sistema altamente organizado de moléculas orgánicas, etc. Que tan aislado del entorno este un sistema o que grado de orden u organización presente es lo que intentaremos establecer aquí. Para empezar, consideraremos 3 tipos de sistemas clasificados en función de su grado de aislamiento con relación al entorno:

☐ **Sistema asilado.** Es aquel que no recibe ninguna influencia externa, es decir, no hay intercambio de energía ni materia. Realmente en el universo, salvo este mismo, no puede hablarse de sistemas aislados en modo absoluto, aunque por simplicidad, despreciemos cualquier mínimo efecto externo.

☐ **Sistema cerrado.** Es un sistema en el que pueden haber intercambios de energía con el entorno, mas no de materia.

☐ **Sistema abierto.** En este caso el sistema está expuesto a las influencias externas, y por tanto, si puede haber intercambio de energía y materia.

Veamos como ejemplo 3 envases, en el que por simplicidad ignoraremos el efecto de la gravedad.

El primero es un envase termo cuyas herméticas paredes están diseñadas para aislar térmicamente el contenido de tal modo que la comida o bebida que contiene no pierda calor. No es perfecto en la práctica, pero para este caso lo consideraremos como un termo ideal totalmente aislante. Por esta razón, su contenido puede considerarse un ejemplo de sistema aislado, puesto que no hay intercambio ni de materia, ni energía.

El segundo envase es una botella de vidrio, el contenido está cerrado, pero si puede intercambiar energía con el exterior en forma de radiación ya que sus paredes (incluso sin ser de vidrio) no permiten un aislamiento total. Este es entonces un sistema cerrado.

Por último, el tercer envase es una simple taza de café cuyo contenido se encuentra totalmente expuesto al intercambio de materia y energía con el entorno es, por ello, un ejemplo de sistema abierto.

Vistos estos tres tipos de sistemas, consideremos ahora las leyes físicas que rigen su evolución con el transcurso del tiempo. Para lograrlo nos remitiremos a las 2 primeras leyes de la termodinámica. Hay muchas definiciones de estas leyes según las disciplinas en las que estas se aplican, para esta exposición emplearemos la más general posible.

La primera ley nos dice que la energía no se crea ni se destruye sino que solo se transforma y, por lo tanto, se conserva. No se ha perdido en un proceso dado, sino que se ha transformado en más de una forma de energía distinta siendo la suma de las energías posteriores iguales a la inicial. También implica que no podemos esperar realizar un trabajo que, requiriendo de una energía dada, se realice con una energía menor a la anterior, y extraer la diferencia de la nada.

Para que un automóvil consiga recorrer 100 km. empleará un consumo de energía, para ello necesita abastecerse de una cantidad de gasolina que representa una cantidad determinada de energía química. En el proceso el automóvil transformara la energía química de la gasolina en energía cinética, pero no de una manera perfecta, ya que una cantidad de ella se transformará en energía térmica que se disipará al exterior sin reportar trabajo útil.

Como vemos la energía química de la gasolina se transforma en la suma de dos formas de energía distinta; cinética y térmica. Se trata también de una igualdad, la energía cinética consumida no es mayor que la diferencia de la química menos la térmica. Esto significa que no podemos realizar el viaje con menos gasolina de la necesaria, ni sin ella de una manera mágica, la primera ley de la termodinámica nos lo prohíbe. Este mismo ejemplo nos lleva directamente a la segunda ley en el sentido de que no podemos convertir el 100% de aquella primera forma de energía (la gasolina) en energía útil. Siempre existirá una disipación de energía no útil de tal manera que aunque la energía cinética se redimiera otra vez en gasolina (energía química) y se repitiera el proceso, nuevamente disminuiría la energía útil. Al final, al cabo de nuevos ciclos, como la pelota que rebota cada vez menos y finalmente se detiene, ya no existirá más capacidad de cambio. A la medida de la transformación en energía no útil producida, que habrá crecido hasta alcanzar su nivel máximo, se la llama entropía. Lo siguiente es la definición más general posible de la segunda ley:

La segunda ley de la termodinámica establece que en todo **sistema aislado** se produce espontáneamente una transformación del orden precedente en desorden. Este orden inicial es un desequilibrio, y por lo tanto una energía libre que tenderá a transformarse en dirección al equilibrio. A dicha transformación se la llama entropía y como se desprende de la definición esta tiende a aumentar con el tiempo mientras que la energía libre a disminuir. Dichos comportamientos están ilustrados en las siguientes gráficas:

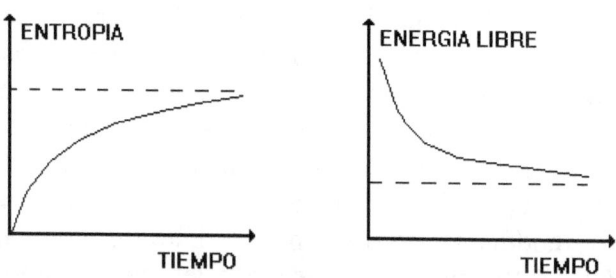

Pero en esta definición se habla de orden y en el anterior ejemplo no se ha mencionado en absoluto ¿En qué se relaciona entonces el orden con la segunda ley?

Responder a esto nos lleva a una definición termodinámica de orden.

En primer lugar es conveniente aclarar que no se trata de un orden subjetivo sino de un orden objetivo, es decir, físico. En un sistema cualquiera todo desequilibrio representa una heterogeneidad en la distribución de energía, como la que existe en dos cuerpos a distinta temperatura, esa concentración particular de la energía en determinadas partes del sistema es lo que constituye el orden.

Por contra, si se llega al equilibrio, como sucedería si la temperatura de los dos cuerpos llega a igualarse por contacto, ya no existirán zonas con mayor concentración de energía que otras y existirá entonces una homogénea distribución. Predomina ahora el desorden y, por tanto, reina el caos. El orden implica también que exista en un sistema dado una función de probabilidad que determine cuan probable es encontrar un estado de energía en un lugar especifico del sistema, algo así como la que existiría en los baños de un centro comercial. En el baño femenino es muy probable encontrar una mujer, en cambio, es muy improbable encontrar un hombre. Si fuera un baño unisex, encontraríamos una mujer o un hombre **por azar no por norma**. Lo mismo sucede con un sistema termodinámico si no existe ninguna "norma", es decir, no hay ningún desequilibrio, nos encontraremos en una situación de máximo azar.

En un dado, con cada tirada, existe 1/6 de posibilidades que salga un 6, lo cual podemos comprobar al realizar 600 tiradas. Es posible que se presenten 84 o 117 casos en los que ha salido 6, si realizamos 1 millón de tiradas la desviación al valor medio es menor y a mayores tiradas aún, nos aproximaremos mas al valor ideal de la probabilidad (1/6). ¿Qué pasará si descubriéramos que no es así? Supongamos que encontramos que el 60% de las tiradas resulta ser 6 incluso para un gran número de ellas. ¿Que nos diría esto?, Pues que el dado esta cargado, es decir, que su centro de gravedad está muy cerca de la cara con dicho número y el dado tenderá a caer a dicho lado por ser el más estable. Esto también nos dice que el dado tiene algo peculiar que excluye el azar en gran medida (en este caso no del todo), y por tanto hay desequilibrio y cierto orden.

La irreversibilidad es una característica fundamental de los procesos sujetos a la segunda ley, y a esto se le conoce como la flecha termodinámica del tiempo, porque nos permite distinguir con claridad un proceso que transcurre hacia adelante de otro que transcurre hacia atrás en el tiempo. No obstante, las leyes de la física de Newton, de la relatividad general y las de la mecánica cuántica son simétricas con respecto a esta, y por ello, la trayectoria de una partícula puede resultar indistinguible tanto si su trayectoria se observa hacia el futuro como hacia el pasado. ¿Porque existe entonces esta discrepancia? Consideremos por ejemplo, una tasa de porcelana, podemos definirla como un sistema de partículas cohesionadas en una disposición especial (la forma de la tasa). Ahora debemos distinguir dos cosas; el conjunto (la tasa), y un solo elemento (una molécula de porcelana). Esta última se encuentra atrapada entre otras moléculas de porcelana a causa de sus mutuos enlaces. No obstante, podemos aplicar la reversibilidad de la mecánica de Newton para ella sola sin ningún problema, lo que no podemos es aplicar dicha reversibilidad para el conjunto (la estructura). **Es pues el conjunto lo que no es reversible en el tiempo porque solo tiene sentido la existencia de orden para el contexto de una pluralidad de elementos, más no para uno sólo en particular.**

Para crear la tasa se invirtió energía, la cual quedo plasmada en su constitución, se ordeno un conjunto de partículas de porcelana de tal manera que se formo una tasa. Se necesita por tanto otro suministro de energía para deshacerla del mismo modo que fue fabricada. Si esta se deja caer, la energía de la colisión podrá, si es igual o superior a la energía de constitución, romper las ataduras y, por tanto, la tasa se partirá en muchos pedazos.

Producción de Orden

Se ha dicho que la segunda ley se aplica a sistemas aislados en donde el orden es espontáneamente transformado en desorden, ¿y qué diremos en cuanto a los sistemas cerrados o abiertos?, ¿En ellos acaso no se cumple esta ley? Por supuesto que sí, lo que sucede es que en estos sistemas su permeabilidad les permite conectarse a otros sistemas que a su vez, en conjunto, pueden considerarse un sistema aislado y cumplirse con normalidad la segunda ley.

En el siguiente gráfico se ilustra esto último.

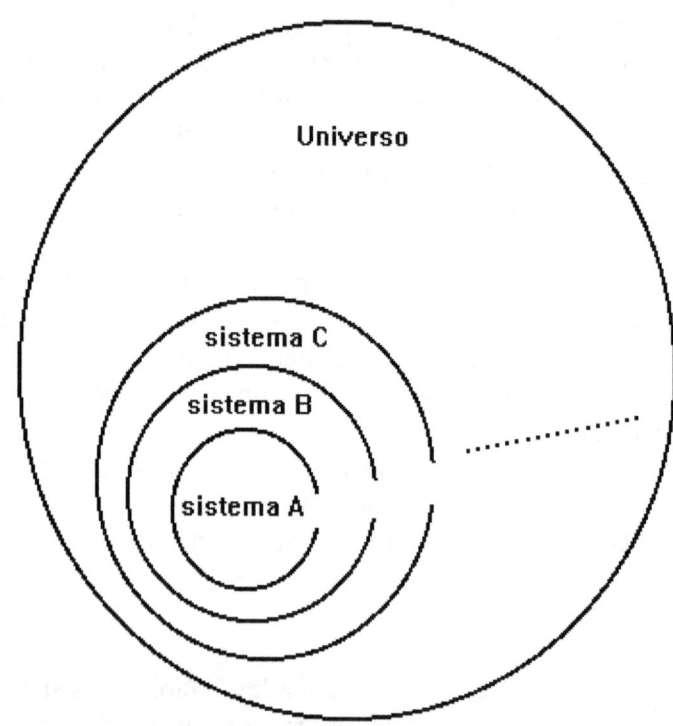

Según se observa, si consideramos a todos los sistemas en conjunto, llegaremos a un sistema total que si es aislado. Al universo lo podemos considerar así, y por ello, a gran escala, se cumple el aumento de desorden de tal modo que, llegado el momento en que desaparezca todo desequilibrio termodinámico, se llegaría a lo que se conoce como 'muerte térmica del universo'.

Este crudo desenlace a sido objetado porque ignora la presencia de la gravedad, y ella, en teoría, lejos de llevarla a una muerte térmica la llevaría más bien a un Big Crunch (Gran Implosión) que haría retroceder la actual expansión del universo para contraerlo hasta su supuesta primitiva singularidad. En esta situación podría surgir, a su vez, otro Big Bang (Gran Explosión) que reactivaría nuevamente el universo en una multitud de ciclos ad infinitum. Sin embargo, en el año 1998 Saul Perlmutter director del Proyecto de Supernovas Cosmológicas reveló que el universo, no solo no desacelera o mantiene una velocidad definida de expansión, sino que se expande de forma acelerada en dirección, no a una Gran Implosión, sino más bien, a lo que se llama un Gran Desgarramiento.

Para Chistopher Strubbs, de la Universidad de Harvard, el nuevo universo es *como "vivir un episodio malo de Star Trek"* y Steven Wienberg, de la Universidad de Texas en Austin, lo llama *"piedra en el zapato de la física teórica"*. La explicación más sencilla a este misterio cosmológico declara que la famosa "constante cosmológica" de Einstein sería una misteriosa energía antigravitatoria producto de la expansión del vacío qué, por su carácter esquivo, se ha venido a llamar "energía oscura". Según las últimas investigaciones se estima que el universo consiste entonces de un 72% de esta energía, un 23% de una materia oscura desconocida y sólo un 5% de materia normal conocida. En cualquier caso los efectos de la Segunda Ley no quedan invalidados en este caso y ni siquiera, según el físico Roger Penrose, en el universo colapsable donde la entropía seguiría aumentando y haciendo más prolongado cada nuevo ciclo cósmico. (17)

Entonces, si en cualquier caso el orden decrece y aumenta el desorden ¿Por qué vemos en nuestro entorno formaciones de estructuras y aumentos locales de orden? En otras palabras, es necesario responder como surgen los desequilibrios locales. Para ello nos serviremos del siguiente principio:

Principio de compensación de la entropía
A un sistema no aislado puede aplicarse uno o más sistemas asociados en los que su incremento de entropía compense la disminución del sistema inicial.

Dicho en otras palabras, si me he quedado sin azúcar para endulzar el café le pido prestado a mi vecino. Sin embargo, si bien ahora he conseguido disfrutar de un dulce café, el sistema 'yo y mi vecino' tendrá menos azúcar que antes.

Es por tanto, el hecho de que los sistemas implicados no sean cerrados, y por ello pueda haber intercambios de energía (difusiones), lo que potencia la aparición de orden. Evidentemente los suministros de energía para conseguir la aparición de orden y por lo tanto de desequilibrios, provienen a su vez de otros desequilibrios. Es natural reconocer que si en nuestro planeta existe la vida y la aparición de diversas estructuras es porque vivimos en las cercanías de un gran desequilibro termodinámico; el sol. Gracias a él, existe el suficiente abastecimiento de energía para hacer esto posible. Pero, sin embargo, como toda producción de orden consume energía, se cumplirá que, aunque la tomemos de otros sistemas, en el conjunto seguirá aumentando el desorden, si bien localmente no sea así. La segunda ley se seguirá cumpliendo, por tanto, impecablemente.

Hasta aquí concluimos qué, **lejos del equilibrio termodinámico y en virtud del principio de compensación de la entropía, la segunda ley no prohíbe la aparición de orden.**

Con esto en mente muchos investigadores se han ocupado de buscar procesos que puedan producir auto-organización, y para ello, han requerido navegar en las fluctuantes aguas de la termodinámica del no equilibrio.

Como fruto de esta investigación se han propuesto varios procesos en los cuales aparece cierto orden y organización. Estos van desde la física de plasmas, pasando por el láser y así, hasta los relojes químicos y las reacciones mágicas como la famosa reacción Belousov-Zhabotinsky (BZ) en la que aparecen figuras espirales y colores definidos.

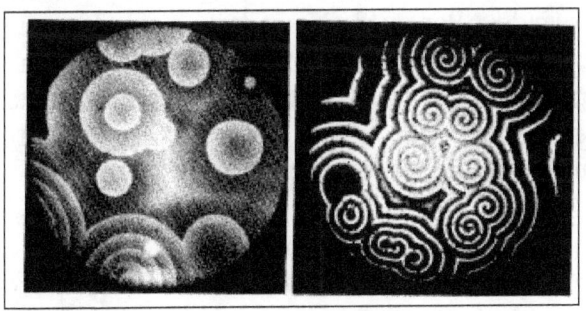

Figuras y espirales de la reacción Belousov-Zhabotinsky

¿Cuál es la esperanza de estas investigaciones? Puede decirse que pretenden validar científicamente la factibilidad de que la vida sea un producto de la auto-organización de la materia. Ello es importante si se quieren abordar explicaciones sostenibles de formación de vida desde precursores prebióticos, además de dar cobertura a la tesis evolutiva fundamental: el incremento de complejidad orgánica en los seres vivientes con el concurso del tiempo, el azar y la selección natural darwiniana.

Además de los esfuerzos de los físicos y matemáticos se han sumado los de los bioquímicos. Estos durante décadas han realizado distintas vías de investigación para hallar rutas de síntesis de precursores de la vida. Desde los coacervados de Oparin y las micro-esferas de Fox, pasando por el mundo de ARN, y la síntesis del silicio hasta las investigaciones más actuales sobre el origen de la vida, el buscado puente entre la materia inorgánica y la materia orgánica viva aún no ha sido cruzado. ¿Por qué? ¿No se tratará simplemente de un problema solucionable con más investigación como presupone la mayoría o será, más bien, que existe algún error fundamental en el método de abordar este problema que aún no quiere ser reconocido?

Si los métodos matemáticos y bioquímicos con los cuales se aborda el origen de la vida están equivocados, entonces, los investigadores que usan dichos métodos, nunca tendrán éxito en semejante empresa, seguirán especulando y proponiendo nuevas tesis y teorías que al fin y al cabo terminarán fracasando irremisiblemente sin importar los miles de años que duren sus tentativas.

En el fondo la respuesta puede ser tan insultantemente sencilla como, al mismo tiempo, filosóficamente aborrecible para la gran mayoría de los implicados en esta investigación. Para exponerlo analicemos el siguiente ejemplo:

Tenemos un mapa topográfico de un territorio irregular con montañas, valles, lagos y costa. Si deseo predecir por donde se pueden producir cursos fluviales por efecto del desbordamiento de lagos o la excesiva pluviosidad, el mapa nos servirá para predecir matemáticamente, en función de la localización de las fuentes fluviales y la orografía del terreno, por qué trayectorias el agua se desbordará y difundirá hasta la costa. Incluso puedo calcular en qué puntos de dicha costa llegaran al mar dichos cursos de agua. Sin embargo, ¿Me servirán el mapa y mis conocimientos y métodos matemáticos para evaluar el curso y trayectoria de un sistema de canales artificiales? Definitivamente no.

Los canales artificiales forman parte de una estructura funcional, es decir, que cumple una función, y no de un sistema complejo natural. Sus trayectorias obedecen a criterios de optimización de coste, longitud, u otros criterios y están en función de ciertos objetivos. **Por lo tanto, sus métodos y matemáticas son del todo diferentes.** No obedecen a la lógica del terreno, sino que superarán los desniveles con acueductos y los obstáculos orográficos con túneles si es preciso.

Los trabajos científicos sobre casos de auto organización en sistemas naturales son sumamente interesantes y útiles para el avance de la ciencia. Sin embargo, hasta ahora naufragan irremisiblemente en presentar símiles verosímiles de sistemas tan complejos como un sistema vivo.

Ilya Prigogine, ganador del Premio Nobel por sus trabajos de la termodinámica del no equilibrio, evaluó esta situación en una conferencia pronunciada en el fórum filosófico de la UNESCO en 1995 al decir: "Pero todavía queda mucho por hacer, tanto en matemáticas no lineales como en investigación experimental, antes de que podamos describir la evolución de sistemas complejos fuera de **ciertas situaciones sencillas.** Los retos aquí son considerables. En particular, **es necesario superar el actual desfase en nuestra comprensión entre las estructuras físico-químicas complejas y los organismos vivos por simples que estos sean**" (Énfasis en negrita añadido). (18)

¿Cuál es el problema aquí? ¿No será que al pretender conseguir un símil del más simple ser biológico estamos cometiendo un error metodológico al tratar de abordar el análisis de una estructura funcional con los elementos de análisis propios de un sistema natural no funcional? Es decir, ¿No estamos abordando la trayectoria de un canal con los métodos y matemáticas que necesitaríamos para abordar la trayectoria de un río natural?

Pues siendo así estaríamos condenados al fracaso. En base a esto ni Prigogine, ni otros deberían albergar ninguna esperanza de superar el "actual desfase" entre las estructuras físico-químicas y los organismos vivos por simples que estos sean. Y esto porque la vida pertenecería a la categoría de estructura funcional.

A esta afirmación muchos replicaran horrorizados que esta es una herejía científica. La vida es, según estos, no un artefacto, sino un sistema natural no funcional, complejo sí, aparenta ser diseñado sí, pero no es ni un diseño, ni un artefacto, es decir, no es una estructura funcional.

Además, ¿No sería esta una conclusión a posteriori, es decir, no estamos partiendo acaso de una presuposición de que la vida es una artefacto para concluir que los métodos matemáticos y bioquímicos con los cuales se aborda su síntesis están condenados al fracaso?

Y decir que el fracaso de esta investigación prueba que la vida es una estructura funcional ¿No podría ser una falaz interpretación?

Estas objeciones son plenamente admisibles. Por ello vamos a emprender ahora un análisis a priori para conocer con precisión que es una estructura funcional y entonces discernir si la vida contiene o no huellas matemáticamente claras y contundentes de que lo es en realidad.

Capitulo 2
ESTRUCTURAS FUNCIONALES

ESTRUCTURACION

Consideremos ahora formalmente qué es una estructura y en concreto qué es una estructura funcional. En la naturaleza existe un extraordinario número de sistemas. Estos sistemas están compuestos de diversos elementos que interactúan entre sí con total libertad, aunque, en algunos casos pueden ser canalizados a organizarse de acuerdo a la presencia de ciertos atractores y, cuando adquieren una determinada organización, conforman entonces una estructura.

Un sistema libre puede ser, por ejemplo, un conjunto de piedras desparramadas por el suelo, aquí no importa su número ni su disposición, ni el tamaño de las mismas. Pero desde el momento que surge alguna restricción que afecte el número, la configuración, o las magnitudes de los elementos se tratará de una estructura. **Se puede decir incluso, que dichas restricciones** *estructuran* **el sistema.**

Supongamos que tenemos una botella cerrada en la cual hay una mezcla de agua y aceite bastante revuelta, de tal modo que podamos considerar las gotas de agua y las de aceite, dispuestas de manera aleatoria. No importará que proporción de aceite con respecto al agua exista, como tampoco sus cantidades relativas, pues su volumen es irrelevante. Podría en principio considerarse que al estar ésta mezcla en una botella cerrada, se trata de un sistema aislado. Pero lamentablemente, las paredes de la botella no impiden ser atravesadas por el campo gravitatorio, por lo tanto, es un sistema cerrado porque si bien no hay intercambio de materia si lo hay de energía. Con el correr del tiempo el caos reinante de gotas de aceite y de agua revueltas progresará hacia un orden estructural. Las gotas de agua más pesadas por su mayor densidad bajarán, mientras que las de aceite menos densas y pesadas subirán. Al final, perpendicularmente al campo gravitatorio, estarán dispuestas 2 capas de dos líquidos distintos, la más cercana al campo será de agua y la más lejana de aceite. ¿Quien impuso el orden a este sistema en principio libre?; ¿Fue acaso una auto organización espontánea de las gotas de aceite y agua?; No, fue la gravedad que, como atractor externo, impuso *la norma* colocando los líquidos separadamente de acuerdo con su densidad. El tipo de orden impuesto es estable, lo que significa que cualquier agitación que rompa dicho orden, tenderá una vez libre de la perturbación, hacia un orden impuesto por la gravedad.

Otro ejemplo bastante claro lo constituye el sistema solar, este podría tener más o menos planetas, planetas más grandes que Júpiter o todos inferiores al tamaño de Mercurio. No obstante, seguirá siendo un sistema solar, aunque distinto al que conocemos, con otras masas planetarias, otras órbitas, etc. Regidas, eso sí, por leyes gravitatorias que prohibirán cualquier libertad absoluta. No podríamos hallar, por ejemplo, a Júpiter a la misma distancia que Venus con la misma descripción orbital, como tampoco el año terrestre duraría lo mismo si la masa del Sol fuera la mitad. Aquí también hay un orden estable, ya que, como se ha visto, los elementos de este sistema tienen una libertad autorestringida, de tal manera que un elemento condiciona el estado de otro, en este caso por ejemplo, la presencia de Neptuno afecta el comportamiento orbital de Urano y a su vez Plutón ínfimamente el de Neptuno.

En la definición termodinámica de orden, se dijo que los desequilibrios y, por tanto, las concentraciones espaciales de energía, definen el orden particular de un sistema y que, como la segunda ley, ordena que dichos desequilibrios se disipen, el orden se transformará en desorden, y como consecuencia existirá ausencia de concentraciones. En este nuevo estado los elementos de un sistema aislado se encuentran en disposición homogénea, no hay zonas especializadas en un tipo particular de elementos, sino que están mezclados sin concierto alguno. Representa el grado máximo de aleatoriedad, el reino del caos.

Pero el orden en un sistema no consiste sólo de concentraciones diferentes de energía en el espacio, hay otros tipos de concentraciones que no son de tipo energético. Por ejemplo, en una piedra se pueden encontrar trazas de distintos minerales no disueltos sino más bien concentrados en distintos lugares. En un libro la tinta no está concentrada uniformemente por todo el papel, por el contrario está concentrada en determinados puntos con formas que definen caracteres. Un vaso de vidrio presenta una forma especial en la cual el vidrio está concentrado en una lámina que forma una cavidad. En todos estos ejemplos no hay diferencias de temperatura, en cambio hay diferencias en cuanto a la concentración de sustancias, y no solo eso, pues dichas concentraciones tienen forma.

Ahora el orden consiste en la forma que presentan las distintas concentraciones de sustancias en el sistema. No obstante, no hay que olvidar que dichas concentraciones están allí gracias a un proceso en el que, dirigido por algún atractor, se invirtió energía. Por tanto, dichas concentraciones son el rastro dejado por la energía invertida durante su formación. Del mismo modo, y en consecuencia, se invertirá energía en el proceso de deformación.

En conclusión, una estructura es consecuencia de las restricciones propias de las interrelaciones de sus elementos componentes. El orden estructural puede ser impuesto desde fuera, como es el caso de la botella de agua y aceite, o desde dentro, como el sistema solar. De una u otra manera, el motor de la aparición de orden y, por consecuencia, de estructuración, procederá de escenarios en los cuales están presentes desequilibrios termodinámicos.

Visto esto, podemos reconocer que una estructura es un caso particular de sistema, y que por ello, su análisis partirá del estudio de los elementos de éste último.

Anteriormente clasificamos los sistemas según su grado de aislamiento del entorno, ahora, en cambio, analizaremos su naturaleza interna haciendo uso de tres aspectos:

1. Número de elementos.
2. Disposición de los mismos. (Orden)
3. Magnitudes.

Con estos aspectos podemos distinguir tres tipos de sistemas diferenciados por la naturaleza de la interrelación de sus elementos. Para ilustrarlo consideremos los siguientes conjuntos de números:

Conjunto	A(5,4,7,8,2,6)	B(2,5,8,11,14,17)	C(6,4,5,8,2,3)
Tipo	Sistema libre	Sistema autorestringido	Sistema restringido
Norma (estructuración)	No existe	n(i)=n(i-1)+3	Es funcional (N°Telf.)
Grado de libertad	Libertad Absoluta	Libertad autorestringida	No hay libertad
¿Es estructura?	No	Si	Si

En el primer caso tenemos un conjunto aleatorio de números, pueden tener cualquier valor en cada posición (aspecto 3), ninguno influye sobre el valor de los demás ni es influido a su vez por el valor de otros. El conjunto puede también tener cualquier número de elementos (aspecto 1) distribuidos en indistintas maneras (aspecto 2) pues los elementos no se influyen mutuamente para adoptar ninguna configuración resultante. Existe por tanto plena libertad en los tres aspectos y como no existe ninguna regla restrictiva lo llamaremos SISTEMA LIBRE y **dado que no existe norma que lo estructure no es una estructura.**

En el segundo caso, se trata de un conjunto de 6 números, pero pueden ser 3 o 1000, no hay restricción en cuanto al número de elementos. No obstante observamos que las magnitudes de dichos números no tienen una libertad absoluta que permita cualquier valor entre los mismos, pues según la norma de esta serie, un número dado tendrá un valor que dependerá del valor del número precedente, y a su vez, el mismo afectara el valor del número posterior. Según la regla, dicho valor será igual al último más 3. A este efecto entre los elementos de un sistema se denomina autorestricción. Por lo tanto, llamaremos a este tipo SISTEMA AUTORESTRINGIDO y **como está estructurado por una norma matemática que hace el papel de atractor será entonces una estructura.**

En el tercer caso, no puede haber cualquier número de elementos, ni cualquier disposición, ni cualquier magnitud en cada número. No existe libertad en ninguno de los tres aspectos en modo estricto, aunque en el ejemplo, ya no existe absolutamente ninguna libertad ya que cualquier cambio en número, distribución y valores significaría un número telefónico diferente. En general hay muchos casos en los cuales este tipo de sistemas presentan algún rango de libertad, aunque mínimo, en cuanto a los tres aspectos. Un sistema de este tipo se puede llamar, por tanto, SISTEMA RESTRINGIDO y **es, en este caso, una estructura funcional ya que posee una norma también funcional de estructuración.**

Cuando vimos los tres tipos de sistemas pudimos notar que de ellos los dos últimos, a diferencia del primero, son casos de estructuras. Ahora bien, ¿Cómo distinguimos entre ellos cual es una estructura funcional?

Sabemos que ambos casos están estructurados, pero no del mismo modo. **En el caso de los sistemas auto-restringidos la estructuración procede de una norma matemática que no es otra cosa que un atractor o grupo de atractores.** Este es pues el tipo de sistema sobre el cual actúan principalmente los casos de auto-organización de la materia en condiciones alejadas del equilibrio termodinámico.

Los sistemas restringidos, en cambio, se estructuran por normas *arbitrarias* que no obedecen al efecto de ningún proceso físico o químico natural ni a sus condiciones iniciales. En este caso, si el universo careciera de seres inteligentes (humanos o animales) capaces de idear dichas normas arbitrarias, no existiría ningún caso de estructura funcional en el universo ya que no existirían usuarios, que pueden ser los mismos creadores, que los usufructúen.

Nosotros y muchos animales somos capaces de crear estructuras funcionales para múltiples y arbitrarios propósitos. Dicha arbitrariedad, no reproducible por ningún proceso natural, es precisamente la que caracterizará a las estructuras funcionales. Como dicha arbitrariedad estará relacionada a un objetivo propuesto por un usuario inteligente, entonces, podemos definir que, *si una estructura cumple un objetivo para un usuario en particular, está última será una estructura funcional.*

Supongamos que una persona desea moler granos de trigo y no dispone de ninguna maquinaria para tal efecto. Para ello busca una piedra con la forma adecuada para servirle de mortero, luego coloca los granos sobre una superficie dura y *usa* la piedra para moler el grano. Esta persona es *usuaria* de dicha piedra, la cual es una herramienta que cumple la función de moler el grano funcionando como mortero. Pero como se ha visto, no basta ella sola para cumplir con el objetivo, hizo falta integrar otros elementos. La piedra ha sido inteligentemente aplicada para realizar dicha función. Si seguimos analizando ha habido un objetivo que ha necesitado de ciertos requerimientos:

☐ Conseguir una superficie dura (un lecho de roca) lo suficientemente plana.

☐ Conseguir una piedra con las dimensiones adecuadas, ni muy pequeña que sea inútil, ni muy grande que no pueda sujetarse con la mano.

☐ Aplicar energía a través del brazo para moler el grano.

Todos estos requerimientos en conjunto forman la estructura "moledora de grano". No es por tanto, sólo el lecho de roca, ni la piedra, ni el brazo y por ello la persona, los que constituyen por si solos la estructura funcional, sino todos estos juntos formando una máquina moledora de grano. Cada componente tiene una función particular no intercambiable con el resto de componentes, como sería si se pretendiera usar el brazo como base, el lecho de roca como mortero y la piedra para aplicar la energía. Si se procede así, no se consigue ningún funcionamiento porque los componentes encajan en la estructura debido a que precisamente su naturaleza las capacita para ejercer la función que les corresponde en la misma. En conclusión el objetivo se ha servido de unos requerimientos, y por tanto de una complejidad, para obtener el funcionamiento.

PRINCIPIO OBJETIVO-COMPLEJIDAD

Supongamos que nuestro personaje se cansa de este primitivo método de moler grano, y cambia de objetivo. Ya no se conforma con conseguir moler un poco de grano a costa de su esfuerzo físico, ahora desea moler una gran cantidad y sin esfuerzo de su parte. Para ello tiene varias alternativas; construir un molino de viento u otro que aproveche la energía de un curso de agua, incluso pensar en construir un molino activado por un motor de combustión interna o un motor eléctrico. No importa que alternativa elija, todos ellos son soluciones a un mismo objetivo y precisan para su construcción de mayores requerimientos que los necesarios en su primer método. Estas soluciones no son iguales, de hecho algunas son más complejas que otras, las eficiencias energéticas también son diferentes y el coste de construirlos también difiere. No obstante son, en cuanto a nivel de complejidad, mucho mayores en proporción a un objetivo también mayor.

COMPLEJIDAD <> OBJETIVO

Esto nos lleva a un principio de proporcionalidad objetivo-complejidad en el que los requerimientos, y por tanto la complejidad necesaria para la consecución de un objetivo, son directamente proporcionales al mismo. Es decir, no se requiere lo mismo para hacer que vuele una cometa que para hacer volar un Jumbo 747. Como es obvio, los requerimientos necesarios para la realización de ambos objetivos que caracteriza la complejidad de sus estructuras son tan distintos como los mismos lo son entre si. Si se analiza con detenimiento, veremos que este principio es una consecuencia directa de la primera ley de la termodinámica. Toda complejidad tiene un coste de energía, y por tanto, el objetivo también es proporcional a la energía necesaria para su realización. Como la primera ley nos dice que no podemos ganar, es decir, no podemos extraer energía de la nada para realizar trabajo, tampoco podemos esperar conseguir un objetivo sin coste de energía.

Sin embargo es posible encontrar estructuras complejas que son inútiles, es decir, que no guardan relación con su nivel de complejidad respecto al objetivo que alcanzan. Se puede, por ejemplo, hablar mucho y no decir nada. Esto no significa que no se cumpla el principio, sino que la solución planteada es muy ineficaz en conseguir el objetivo, o que se hace uso de solo una pequeña parte del funcionamiento potencial de una estructura, como sería usar un ordenador solo como calculadora.

Una estructura funcional es pues, sencillamente, aquella que funciona al cumplir un objetivo. Reuniendo, para ello, el número necesario de componentes interrelacionados en las proporciones y disposiciones necesarias a fin de cumplir la función que culminará en el cumplimiento de dicho objetivo. Esto significa, que cada componente tendrá una libertad restringida de variación en cuanto a número, posición y magnitud, con objeto de poder cumplir su finalidad funcional. Es pues un sistema restringido.

Para ilustrar esta idea pongamos por ejemplo un número de lotería compuesto por 5 dígitos. Para que la persona que lo posee, salga premiada, necesitará que su número sea igual al número premiado, supongamos que este es el n°: 43568. Cualquier número distinto no cumplirá el objetivo de cobrar el premio, por lo tanto el n°: 98323 no servirá para este propósito. Ahora supóngase que de alguna manera esta persona logra cometer fraude y consigue falsificar un billete de lotería con el n°: 43568. Lo que ha hecho es hacer deliberadamente que el primer número de su billete sea 4, el segundo 3, el tercero 5, el cuarto 6 y el quinto 8. En otras palabras ha creado una estructura de 5 números (componentes) que coinciden en valor y orden con el número premiado (lo cual es el objetivo de esta falsificación) y por tanto **funciona** para cobrar el premio. Un número compuesto por los números 58364 tiene los mismos dígitos que el número premiado, pero no el orden adecuado. Por otra parte el número 43538 tiene 4 dígitos con el valor y en el orden debido, pero el cuarto dígito no tiene el valor adecuado para cumplir el propósito de hacer igual al número con respecto al premiado.

En el ejemplo se ilustra la necesidad de 3 aspectos que son necesarios para la concreción de una estructura funcional y ya se consideraron en la definición de sistema, esta vez vistos de una manera ligeramente distinta:

1. Número de componentes. (Completitud)

2. Disposición relativa de los mismos. (Orden Funcional)

3. Magnitud de cada componente. (Magnitud)

1. COMPLETITUD

Toda estructura necesita disponer de un determinado número de componentes que realicen las funciones necesarias para completar su objetivo funcional. Por ejemplo, en algunas ciudades se necesitan marcar 7 dígitos, excepto algunos números especiales, para hacer una llamada telefónica. Un intento de llamada marcando menos dígitos no es suficiente para completar la codificación necesaria para la conexión. Del mismo modo, si a un automóvil le falta tan sólo una pieza del distribuidor no funcionará. Mientras una estructura funcione es funcional, de lo contrario pondríamos llamarla piadosamente subfuncional en cuanto está en camino de serlo.

Por supuesto, la completitud de componentes en una estructura no necesariamente significa que solo exista un funcionamiento si están absolutamente todos los componentes, pues en estructuras más complejas las funciones de cada componente no tienen la misma relevancia para la consecución de un óptimo funcionamiento.

Podemos distinguir dos extremos entre los cuales puede encontrarse la importancia de una función, al primer extremo lo llamaremos **función vital** y al segundo **función accesoria**, esto por supuesto admite gradaciones, pudiendo existir, por ejemplo, una función que sea algo vital como también algo accesoria. Para ilustrar esto consideremos un automóvil, se puede prescindir de un elemento de decorado, pero no de un neumático. Por otra parte si el sistema de alumbrado está inactivo el automóvil podrá funcionar de día, pero no de noche, es por tanto, no del todo vital, como tampoco no del todo prescindible.

Otro ejemplo muy aclarador somos nosotros mismos, podemos sin problema alguno prescindir de nuestro pelo al ir a una peluquería, pero no podemos prescindir de nuestro corazón o hígado, pues estas son funciones vitales. No obstante, podremos seguir viviendo sin un pulmón, sin un riñón o sin brazos, pero nuestra calidad de vida se verá disminuida, funcionaremos por tanto por debajo del 100%, es decir, no funcionaremos óptimamente.

2. ORDEN FUNCIONAL

Este orden consiste en aquella disposición física de los componentes de una estructura que permite el funcionamiento de la misma. Es importante señalar que dicho orden es de naturaleza objetiva mas no subjetiva. Para distinguir dicha diferencia consideremos el caso de una persona que arregla su casa y afirma: "la casa está en orden". Intenta decir que las cosas "están en su sitio", esto es, en el lugar que les corresponde según su juicio. Si viene otra persona que es ajena a sus gustos decorativos y reorganizara la posición de las cosas en otro orden que es a su juicio mejor, es probable que estalle un conflicto entre ambas. No obstante, ambos órdenes son validos aunque distintos. El problema aquí, está en que dichos ordenes son subjetivos y por ello, validos para cada sujeto en particular. Sin embargo, en este tratamiento nos referimos a **orden funcional objetivo** en el cual los componentes están en su sitio para cumplir su función adecuadamente y el conjunto, es decir, la estructura, funcione. Como ejemplo usemos nuevamente el caso del automóvil, supóngase que este se halla completo, pero a algún bromista esquizofrénico se le ocurre intercambiar de sus respectivos lugares el timón y un neumático. Es obvio que el automóvil no podrá andar en estas condiciones, puesto que el timón no sirve como neumático (se romperá pronto) y el neumático tampoco sirve como timón. No se trata de un orden funcional subjetivo, como sería una apreciación artística que juzgase si queda más bonito el neumático en el lugar del timón o no, se trata de orden funcional objetivo en el cual hay completitud, pero no orden, por lo tanto el automóvil no funciona.

3. MAGNITUD

Esta es la medida del valor físico concerniente a cada componente de una estructura que permita el funcionamiento. Como ejemplo sencillo podemos considerar a un cocinero preparando una especialidad gastronómica, en el proceso por error añade sal en una medida superior a la debida, en consecuencia el desafortunado comensal sentirá desagrado al degustar la comida y por ello la rechazará. También podría haber sucedido lo contrario, que añadiera muy poca sal y por ello la comida resulte insípida, en ambos casos se causa rechazo, sea por exceso o por defecto de la medida adecuada de este componente.

En el caso del automóvil, aun existiendo completitud de componentes, el nivel de voltaje eléctrico en la batería o de gasolina en el tanque implicará que exista funcionamiento de acuerdo a sus respectivas magnitudes.

Llegando a este punto evaluemos algunas consideraciones. Cuando analizamos el caso del sistema de moler grano el usuario escogió una piedra para moler el mismo aplastando los granos contra el lecho de roca, pero no fabricó ni la piedra ni el lecho de roca. Es verdad que les dio un uso funcional, no obstante, eran objetos naturales no fabricados ni estructurados siquiera. En este caso la máquina, el conjunto de los elementos de la moledora de grano, es estructura funcional, pero sus elementos no tienen por qué serlos necesariamente.

La famosa reacción BZ está estructurada por atractores y no por normas funcionales arbitrarias por lo que tampoco es una estructura funcional. Sin embargo, la reacción química está fabricada por el laboratorista y, por ello, no es natural en cuanto a su preparación, pero sí lo es en cuanto a que los diseños de espirales y colores generados en la misma son el producto de atractores naturales y no de normas arbitrarias de origen inteligente como las que un artista aplicaría por razones estéticas o un ingeniero por razones funcionales.

Esto quiere decir que estas estructuras u objetos naturales pueden ser inteligentemente usados o preparados sin ser productos de diseño inteligente en sí mismos.

La pregunta que cabe formular ahora es ¿Cómo entonces distinguimos a una estructura funcional de otra que no lo es? O dicho de otra manera ¿Cómo distinguimos que una estructura tiene un origen inteligente o es producto de una estructuración por causa de atractores naturales?

Sigamos.

Capitulo 3

COMPLEJIDAD

¿Que es la complejidad?, con frecuencia juzgamos si un sistema o estructura es más o menos compleja que otra, pero ¿En qué consiste realmente? Es conveniente encontrar una adecuada definición matemática de la complejidad que permita cuantificar la existente en las estructuras funcionales porque, como hemos visto antes, para el análisis de este tipo de estructuras no nos sirven las matemáticas de la teoría de las estructuras disipativas de Prigogine, ni las de la teoría de la información de Shannon o cualquier otra teoría para el análisis de sistemas autorestringidos. **Necesitamos matemáticas para sistemas estructurados por una planificación arbitraria funcional** sin importar si esta es externa (exo) o interna (endo). Ello nos llevará entonces a una definición funcional de la complejidad:

Puede definirse, por tanto, la complejidad como el número de casos posibles que una estructura permite para un particular número, rangos de magnitudes y orden espacio-temporal de sus elementos componentes.

Para poder hallar dicho número en un caso particular consideremos el ejemplo del número de lotería. En este caso tenemos una estructura con la siguiente colección de restricciones:

1º. Tiene que ser una colección de 5 caracteres (restricción numérica).

$$N = 5$$

2º. Tienen que ser caracteres numéricos (restricción de magnitud).

carácter × {0,1,2,3,4,5,6,7,8,9}, por lo tanto R = 10

3º. Tienen un orden unidimensional único (restricción de orden).

$$O = 1$$

Como los caracteres son homogéneos al tener el mismo rango podemos usar la siguiente expresión:

$$C = R^N.O$$

El número de casos posibles será entonces:

$$C = R(5,10,1) = 10^5 \times 1 = 100.000 \text{ casos}$$

El resultado no sorprende puesto que es fácil deducir que entre 0 y 99999 hay 100000 números distintos. La probabilidad de que salga el número de lotería para un caso particular será por tanto:

$$P = 1/C = 10^{-5} = 0.00001$$

El cálculo de complejidad ya no resulta ser tan sencillo si la colección de elementos es heterogénea, es decir, tienen rangos de magnitud diferentes. En dicho caso podemos entonces aplicar la siguiente generalización:

$$C = O . \prod_{i=1}^{n} R_i$$

Siendo C la complejidad, O el orden de los componentes, N el número de componentes y R los rangos de magnitud de cada componente.

Analicemos ahora como afecta a la complejidad el cambio de cada una de las restricciones. Como tenemos 3 aspectos pueden existir 8 posibles modos de cambio, no obstante, solo mencionaremos el efecto de cada uno independientemente, siendo las demás otras combinaciones posibles:

1. CAMBIO EN NÚMERO

Sea un sistema A con n elementos y un sistema B con n_i. Si $n > n_i$ entonces el sistema A es más complejo que el sistema B para iguales ordenes y rangos de magnitudes.

Si el número de lotería tuviera por ejemplo 6 dígitos, el número de casos posibles sería $10^6 = 1.000.000$, es decir, 10 veces más casos posibles que el anterior número de lotería de 5 dígitos, por lo cual es más complejo.

2 CAMBIO DE RANGO

*Sea un sistema **A** con n elementos de rango r y un sistema **B** con n elementos de rango r_i. Si $r_i > r$ entonces el sistema **B** es más complejo que el sistema **A** para ordenes iguales.*

Supongamos que a los organizadores del juego de lotería se les ocurre sortear un número hexadecimal en lugar de uno decimal, entonces el rango será: {0,1,.....E,F}, lo que significa que hay 16 caracteres por cada dígito (R=16). Conservando 5 caracteres para los números (N=5), tenemos que el número de casos posibles es ahora $C = R^N = 16^5 = 1.048.576$. Esto también supone que la complejidad obviamente se incrementa.

3 CAMBIO DE ORDEN

*Sean dos sistemas **A** y **B** con n elementos y rangos r. Existiendo un número de configuraciones posibles c del sistema **A** y c_i del sistema **B**. Si $c > c_i$ entonces el sistema **A** es más complejo que el sistema **B**.*

En este caso a los organizadores del juego de lotería se les ocurre añadir una disposición bidimensional a cada número posible, de tal modo que, si coincide la forma y el número adecuado se gana la lotería. Supongamos que el número premiado es el siguiente:

$$7$$
$$3\ 0\ 8$$
$$4$$

Dispuesto de dicha manera, si el 7 estuviese encima del 8, por ejemplo, no será el número premiado. Veamos las distintas formas posibles que puede adaptar este número:

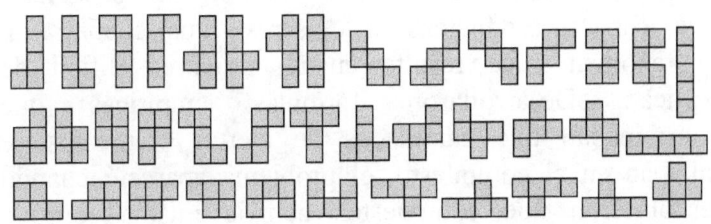

Tenemos entonces 39 formas bidimensionales distintas para 100.000 números cada una. En este caso O = 39 y de la expresión anterior para calcular la complejidad tenemos:

$$C = R^N O = 10^5 \times 39 = 3.900.000$$

Ahora es más difícil acertar, puesto que este sistema es más complejo que el juego de lotería inicial. Ahora incorpora un orden bidimensional y por ello existen más posibilidades distintas. Podemos incluso ganar en complejidad si adoptamos una tercera dimensión o incluso una dimensión temporal. La siguiente figura muestra los distintos modos que pueden adoptar cuatro cubos sin considerar sus rotaciones e imágenes especulares.

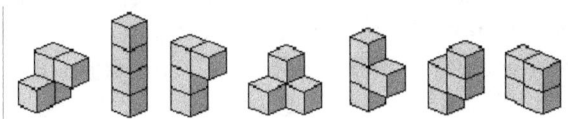

Veamos ahora un caso del mundo físico. En el siglo XIX los químicos comenzaron a progresar en las técnicas de análisis para conocer la composición de los compuestos químicos. Cuando trataron las sustancias orgánicas (las producidas en los seres vivos) encontraron un fenómeno que resulto en un principio difícil de explicar. Desarrollaron fórmulas empíricas que determinaban que cantidades de ciertos elementos se hallaban en el compuesto, el problema apareció cuando descubrieron que compuestos con la misma fórmula empírica como el alcohol etílico y el dimetil éter presentaban diferentes propiedades pese a que ambos tienen la formula C_2H_6O, a estos compuestos se les denominó "isómeros".

En un principio se pensaba que la estructura química solo llegaba a lo que la formula empírica podía esclarecer, algo parecido al número de lotería. Pero conforme prosiguieron las investigaciones se encontraron nuevas restricciones. Descubrieron que un determinado átomo se podía combinar solo con cierto número de otros átomos. El hidrogeno solo se une con otro átomo de un elemento distinto mas no con dos, el oxigeno puede unirse a dos, el nitrógeno a 3 y el carbono a 4, podía pues haber CH4 pero no CH5. Esta propiedad de los átomos de poder unirse a otros en un número limitado de formas se denominó "valencia" y ello indujo a esquematizar las posibles uniones de una manera estructurada donde se viera bidimensionalmente como se conectan. En 1861, Kekulé, publicó un texto en el que incorporó este sistema, popularizando desde entonces lo que se llama "formula estructural".

El misterio de los isómeros quedo con este avance dilucidado, por cuanto se pudo saber que dos compuestos, aunque tengan la misma composición, pueden estar ensamblados de manera distinta y por ello tener propiedades diferentes. Si vemos ahora las fórmulas estructurales del alcohol etílico y el dimetil éter constataremos la diferencia:

$$
\begin{array}{ccc}
\text{H} & \text{H} & \\
| & | & \\
\text{H-C-C-O-H} & & \\
| & | & \\
\text{H} & \text{H} &
\end{array}
\qquad
\begin{array}{ccc}
\text{H} & & \text{H} \\
| & & | \\
\text{H-C-O-C-H} & & \\
| & & | \\
\text{H} & & \text{H}
\end{array}
$$

Como se observa ambos compuestos están ensamblados de distinta forma y ello implicara comportamientos diferentes. Obviamente este no es el único caso existente, existen muchísimos, pues para compuestos con mayor número de elementos hay mayores posibilidades de isomería, lo que en conjunto permite esperar descubrir un número virtualmente ilimitado de ellos. Por ejemplo, un compuesto que tenga 40 átomos de carbono y 82 de hidrogeno podría mostrar 62,5 millones de disposiciones distintas o isómeros.

Otro ejemplo de estructura compleja lo constituyen las proteínas. Estas son los ladrillos fundamentales con los que están hechos los seres vivos. Los huesos, músculos, pelos, uñas, y otras sustancias de nuestro cuerpo están hechos de proteínas, como se intuye, deben existir muchos tipos distintos, pues un ser vivo está constituido de un vasto número de sustancias proteicas. Estas proteínas son un producto de la fabrica celular, la receta de cada una de ellas está escrita en un gen de ADN (ácido desoxirribonucleico), el ADN es el libro maestro donde está contenida toda la información necesaria para la formación de un ser vivo, así como también, su metabolismo, su reproducción y morfología. Este ácido es una larga cadena de eslabones llamados nucleótidos, existen 4 tipos de bases y por ello 4 letras para la escritura del ADN. Dichas bases forman 2 pares que son complementarios y permiten que el ADN se pueda enhebrar en una cadena doble de forma helicoidal.

Cada gen es a su vez un conjunto de nucleótidos con una información específica. Dicha información es la necesaria para construir una proteína, para ello es necesario generar una copia de la "receta" para fabricar la proteína de tal modo que exista un cocinero que interpretando dicha receta sepa ahora que hacer para construir la proteína. La copia de la receta se consigue mediante una molécula de ARN (ácido ribonucleico), al ARN que cumple esta función se le llama por ello ARN-mensajero (ARNm). Luego el cocinero; una máquina molecular llamada ribosoma compuesta de varias moléculas de un ARN especial llamado ARNr, deberá interpretar la información del ARNm para construir la nueva proteína. Cada una de ellas está constituida por una cadena de 100 o más nucleótidos en los cuales podemos tener 20 aminoácidos distintos, es decir tenemos un alfabeto de 20 letras para la escritura proteica. Pero la proteína no se queda como una cadena extendida, sino que de acuerdo a las atracciones electrostáticas se pliega sobre sí misma en una complicada forma espacial formado un ovillo. A cada escritura proteica distinta le corresponde una estructura de pliegues diferente, y cada una de estas morfologías cumple un objetivo, por lo tanto, tiene un funcionamiento particular.

Ahora veamos cual es la complejidad de un aminoácido antes de ver la relativa a una proteína. Sabemos que un aminoácido se sintetiza mediante el concurso de 3 bases de ácido nucleico. Cada base puede tener 4 elementos que pueden ser Adenina, Timina, Guanina y Citosina en un orden lineal simple. Según esto la complejidad de un aminoácido será la siguiente:

Orden = 1; Magnitudes = 4; Número de componentes = 3

$$C = 1 \times (4 \times 4 \times 4) = 4^3 = 64$$

Lo cual significa que con 3 bases se pueden sintetizar 64 aminoácidos. Pero, entonces ¿porque necesitamos solo 20? Lo que sucede es que existe redundancia en el juego de las 3 bases de tal modo que se puede sintetizar un aminoácido con más de un juego de bases. (4)

Esto se muestra en la siguiente figura:

1°	2° Nucleotido del ARN				3°
	URACLIO	**CITOSINA**	**ADENINA**	**GUANINA**	
U	Fenilalanina	Serina	Tirosina	Cisteina	U
	Fenilalanina	Serina	Tirosina	Cisteina	C
	Leucina	Serina	PARO	PARO	A
	Leucina	Serina	PARO	Triptofano	G
C	Leucina	Prolina	Histidina	Arginina	U
	Leucina	Prolina	Histidina	Arginina	C
	Leucina	Prolina	Glutamina	Arginina	A
	Leucina	Prolina	Glutamina	Arginina	G
A	Isoleucina	Treonina	Asparagina	Serina	U
	Isoleucina	Treonina	Asparagina	Serina	C
	Isoleucina	Treonina	Lisina	Arginina	A
	INICIO	Treonina	Lisina	Arginina	G
G	Valina	Alanina	Ac.Aspartico	Glicina	U
	Valina	Alanina	Ac.Aspartico	Glicina	C
	Valina	Alanina	Ac.Glutamico	Glicina	A
	Valina	Alanina	Ac.Glutamico	Glicina	G

Nótese que en el ARN la base Uraclio substituye a la muy similar base Timina del ADN.

Es interesante observar qué, como en los programas informáticos, el programa del gen tiene señales de INICIO (AUG) y PARO (UAA, UAG, UGA). El primero señala el comienzo del código de ensamblaje (ARN mensajero) con el cual se fabricará la proteína. El segundo es el que determina cuando debe acabarse la transcripción y, por lo tanto, el momento en el que la proteína debe desprenderse de su ensamblador, el ribosoma. (4)

De todos modos, como vemos, es una complejidad bastante modesta la de este monómero. Ahora vayamos a ver la complejidad de una proteína, el elemento más básico de los organismos biológicos. Según sabemos esta es una cadena de aproximadamente 100 o más eslabones que se pliega sobre sí misma en la forma de un ovillo de acuerdo a las atracciones electrostáticas y enlaces débiles generados por los 20 aminoácidos distintos con los cuales puede estar constituido un eslabón. Su complejidad, suponiendo que tenga solo 100 eslabones, sería la siguiente:

$$C = 1 \times (20x20x20x\ldots\ldots x20) \ 100 \text{ veces,}$$

es decir:

$$C = 20^{100} \text{ lo cual es aproximadamente } 10^{130}$$

Como se observa la complejidad de una proteína es una cifra portentosa, si se estima que el universo contiene 10^{80} protones, necesitaremos 10^{50} universos para equiparar todos sus protones con todas las proteínas posibles. Pero no todas las proteínas posibles son funcionales para los sistemas biológicos.

Dicha restricción se denomina **Restricción Funcional**. La misma establece que toda estructura funcional, es decir, que tiene un objetivo y funciona para conseguirlo, es un subconjunto, más bien pequeño o incluso único, de todos los casos posibles permitidos por su complejidad. El número premiado de un juego de lotería sería un ejemplo de estructura funcional con restricción igual a 1 ya que dicho número es el único que **funciona** para cobrar el premio mayor.

REUNION DE ESTRUCTURAS

Como el nombre lo indica, este caso corresponde sencillamente a la reunión de estructuras no conectadas entre sí, y por ello, que no constituyen una estructura producto. Reuniones de estructuras pueden ser por ejemplo, los electrodomésticos de una casa, los instrumentos de un laboratorio, etc.

En este caso la complejidad de una reunión será la suma de todas las implicadas.

Dadas dos estructuras A y B, entonces $C_{AB} = C_A + C_B$

Cuando en la misión Apolo 13 explotó un tanque de oxigeno en el módulo de servicio, hubo que emprender un riguroso ahorro de energía. Al tener que circunnavegar la luna, los astronautas no pudieron obviamente ser asistidos desde el control de tierra, ni mediante el computador de a bordo, tuvieron que hacer uso de un sextante para, mediante las posiciones de las estrellas, definir el rumbo con el cual poder retornar a la tierra. ¿Qué hubiera pasado de no tener en la nave un instrumento de navegación alternativo como lo es un sextante? Es probable que el aprieto hubiera sido insalvable y los astronautas hubieran muerto. La disyuntiva era calcular el rumbo, sea por control de tierra o por control del computador o por control manual a través del sextante. Como ninguna de las dos primeras se pudo emplear tuvo que aplicarse la última alternativa bastante atípica, pero eficaz. En esta historia el sextante no está conectado a la nave, viaja con ella y es sólo un instrumento alternativo, que llegado el caso, se hizo uso de él.

CONEXION DE ESTRUCTURAS

En este caso 2 o más estructuras se unen para formar una nueva estructura producto, es decir, fruto de la conexión de estas. Si se tienen un reproductor de CD, un reproductor de cinta y un amplificador, la conexión de los 3 artefactos dará como resultado una unidad resultante que llamaríamos equipo de música. Lo mismo puede hacerse con las piezas del lego, podemos conectarlas de distintas maneras de tal modo que resulten diversas estructuras con ellas.

En este caso, la complejidad de la conexión será el producto de las estructuras implicadas de tal modo que podemos decir que, si $C = A \times B$ entonces $C_C = C_A \times C_B$.

Por ejemplo, el número de lotería puede dividirse en dos estructuras con las restricciones mostradas:

$A=R(4,10,1)$ y $B=R(1,10,1)$ luego $C_A=10^4 \times 1=10,000$ y $C_B=10^1 \times 1=10$

Entonces: $C_{AB} = C_A \times C_B = 10^4 \times 10 = 10^5$

Recordemos que el número de lotería original tenia las siguientes restricciones: $R(5,10,1)$ y por ello su complejidad era 10^5 porque precisamente la estructura producto es la estructura original de 5 dígitos.

Capitulo 4

FUNCIONALIDAD

En este capítulo nos introduciremos en los conceptos necesarios para entender la naturaleza de las estructuras funcionales. Estos serán instrumentos útiles para futuros análisis que nos lleven a reveladoras conclusiones. Pero en el camino es necesario empezar por la definición misma de una estructura funcional desde un punto de vista matemáticamente formal:

*Sea G un conjunto de todos los casos posibles de una estructura con complejidad C. Entonces $|G| = C$ (Esto significa que la cardinalidad del conjunto G, es decir, su número de elementos, es igual a C). Existe una **restricción funcional** R asociada a un conjunto H que pertenece a G, cuyos elementos son todos aquellos que permiten la existencia de una estructura funcional. Por lo cual, resulta necesariamente $|H| < |G|$. Una estructura E tal que $E \square H$ es una estructura funcional.*

Lo que esta enredada definición pretende decir es que no todos los casos de una estructura posible con una complejidad específica, son estructuras funcionales, sólo algunos tienen funcionamiento. Por supuesto, respecto a un objetivo particular definido por la restricción R, el resto de casos que no cumplen esta restricción no son estructuras funcionales. La restricción R, cabe explicar, es aquella que limita el número de casos funcionales como la forma de una cerradura limita el número de llaves posibles. Si |H| es igual a 1 significa que la restricción permite solo un caso en la cual existe funcionamiento, recordemos el número premiado en el juego de lotería, solo uno funciona como ganador. También |H| puede ser igual a □ (conjunto vacío) en cuyo caso no existe ninguna estructura funcional que pertenezca al conjunto formado por los casos posibles del sistema de complejidad C.

Ahora bien, de todos los casos posibles de G ¿Cuál es la probabilidad de hallar una estructura funcional como E?

Siendo P la probabilidad se cumplirá la siguiente expresión:

$$P = |H|/|G| = R_f / C$$

Dicho en palabras:

Probabilidad = Restricción funcional de G / Complejidad de G

COMPONENTES DE UNA ESTRUCTURA

Toda estructura puede estar subdividida en subpartes que reunidas forman una entidad estructural mayor. A dichas subpartes llamamos componentes, para que exista funcionamiento los mismos deberán estar insertos dentro de un contexto funcional y, muy importante, ser a su vez funcionales ellos mismos.

Una radio está compuesta de botones, diales, transistores, condensadores, etc. los mismos serían, por tanto, sus componentes y la estructura que las contiene (la radio) será una función de estas. Esto significa que cualquier ausencia o alteración de la naturaleza de uno o más componentes redundará en el cambio de funcionamiento de la macro estructura. La calidad de dicho cambio no solo significa que dicha macro estructura funcione de manera diferente sino que, según la naturaleza de la alteración, la función que realiza será trastornada o incluso detenida.

NIVELES DE COMPOSICION ESTRUCTURAL

Como se ha visto una estructura puede ser descompuesta en un conjunto de componentes, al cual identificaremos como el primer nivel de descomposición. A su vez, estos últimos también pueden ser descompuestos en un segundo nivel en el cual existirán otras interrelaciones que condicionarán el funcionamiento de la estructura macro. Así mismo, cada componente de este segundo nivel puede tener componentes pertenecientes a un tercer nivel y así sucesivamente. En un ser humano podemos hallar 6 niveles, aunque un análisis más riguroso identifique más, por simplicidad, consideraremos los más obvios:

Nivel 1: Orgánico (compuesto por el corazón, hígado, músculos, huesos, etc.)
Nivel 2: Suborgánico (alvéolos de un pulmón, vasos capilares, etc.)
Nivel 3: Celular (células del hígado, riñón, cerebro, etc.)
Nivel 4: Macromolecular (proteínas, ácidos ribonucleicos, etc.)

Nivel 5: Molecular (aminoácidos, nucleótidos, etc.)
Nivel 6: Atómico (hidrógeno, carbono, fósforo, etc.)
Nivel 7: Subatómico (protones, neutrones, electrones, etc.)

En esta macro estructura el funcionamiento dependerá del funcionamiento del conjunto de sus componentes según como estos estén interrelacionados. Si un componente falla, el conjunto, es decir, la estructura se verá afectada según la manera en que dicho componente esté dispuesto en la misma. El fallo de dicho componente puede deberse al fallo de uno o más de sus subcomponentes.

Un caso ilustrativo es la contaminación por yodo radioactivo. Este tipo de yodo contiene isótopos radiactivos que son químicamente indiferentes de los isótopos no radioactivos. El consumo humano de este yodo produce trastornos en la glándula tiroides que pueden desencadenar la muerte en un proceso de afectación que parte del nivel más bajo hasta el más alto. Empieza como un efecto en el nivel 7 (subatómico) y afecta a los átomos de yodo que pertenecen al nivel 6. El sistema digestivo recibirá en el nivel 5 moléculas con contenido de yodo radioactivo que no podrá en modo alguno distinguir del yodo no radiactivo. Estos serán asimilados y remitidos a los órganos que lo precisen como, en este caso, la glándula tiroides. En la misma estará incorporada a nivel celular (nivel 3) de una parte de la glándula (nivel 2) tiroides (nivel 1). En un momento dado se producirá una desintegración en el isótopo de yodo radioactivo (nivel 7 y 6) afectando un nucleótido de ADN (nivel 5), esto generar un fallo en la producción de proteínas y trastornos que pueden convertir a esta célula en cancerosa (niveles 4 y 3), si esto sucede causará el origen de una tumoración en una parte de la glándula (nivel 2) que repercutirá en el fallo de la glándula misma (nivel 1), por último, esto puede provocar la enfermedad o muerte de la persona.

En el ejemplo se ha visto un caso en que el problema surge desde el nivel más bajo, lo cual no necesariamente tiene que ser así. Un envenenamiento químico provocaría un fallo desde el nivel 4 o 3, según los casos, y una herida de bala o un apuñalamiento pueden producir fallos en los niveles 2 o 1.

ESTRUCTURA MONOCOMPONENTE

Es una estructura que, a un nivel de composición dado, está constituida por 1 sólo componente. Por ejemplo, una hoja de afeitar es una estructura simple, su utilidad, esto es, su funcionamiento, depender de cuan afilado este el mismo y ello dependerá a su vez del tamaño del radio de curvatura del filo. Si este es bastante pequeño, se dirá que la hoja está muy afilada, si en caso contrario dicho radio de curvatura es grande, se dirá que la hoja está poco afilada.

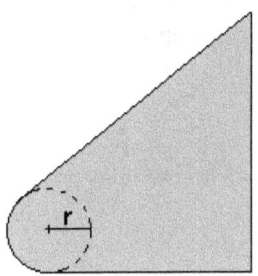

Podemos entonces definir el funcionamiento de la hoja de afeitar como inversamente proporcional al radio de curvatura del filo y expresarlo del siguiente modo:

F (r)= 1/r   donde r es el radio de curvatura del filo.

Si r < r_i entonces:

$$F(r) > F(r_i)$$

Por lo tanto el funcionamiento de la hoja con radio r será mejor que el de radio r_i porque el propósito de esta estructura es tener el mayor filo posible y ello sólo se logra para radios lo más pequeños posibles. Por supuesto, por simplicidad se ha considerado el funcionamiento solo en función de r, realmente también hay que considerar el ángulo de las superficies, el material y las dimensiones de la hoja si se quiere ser más preciso.

ESTRUCTURA POLICOMPONENTE

Es este caso la estructura está constituida por más de un componente. En consecuencia F será una función de varias variables.

Por ejemplo, supongamos que tenemos un circuito simple come el mostrado en la figura:

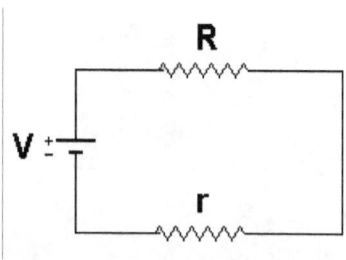

Consideraremos como medida del funcionamiento de esta estructura la potencia que se disipa en R. Dicha potencia es una función de dependencia de los elementos de este circuito, por lo que tendremos una función F(R,V,r) de 3 variables, siendo cada una de estas un elemento componentes de la misma.

Según la naturaleza del circuito se tendrá la siguiente expresión:

$$P_R = F(R,V,r) = \frac{V^2\,R}{(R + r)^2}$$

En el circuito encontramos, según una evaluación a la ligera, 3 componentes, aunque realmente no es así. Más correcto sería afirmar que la estructura consta de 6 componentes: una fuente de alimentación (batería eléctrica), 2 resistencias y 3 cables. A estos últimos, previamente despreciados en los cálculos del funcionamiento del circuito, hay que tenerlos en cuenta, ya que sin ellos, los 3 componentes principales no podrán estar conectados y por lo tanto no habrá estructura. Pueden añadirse como factores en la expresión, siendo cada uno de ellos funciones lógicas que soportan sólo 1 para su estado conectado, y 0 para su estado desconectado. De todos modos por simplicidad serán obviados.

Las interrelaciones de los 3 componentes condicionan el funcionamiento de la estructura y caracterizan un nivel estructural. Es decir, en este nivel importa solamente que valor de potencial eléctrico (voltaje), mas no, que componentes contiene esta unidad, como están ensamblados y que materiales contienen. Lo mismo sucede con las resistencias, no importan los materiales con que están constituidas las mismas, a efectos de cálculo son irrelevantes, lo que importa es el valor de su resistividad. No obstante, cada componente es a su vez otra estructura que es función de dependencia de sus componentes internos. La batería, por ejemplo, mantiene una tensión eléctrica debido a que posee unos componentes químicos con las debidas propiedades y dispuestos adecuadamente para servir de acumuladores eléctricos. Las resistencias, a su vez, también constan de componentes con los materiales adecuados para tener la resistividad requerida, incluso los cables están hechos de un material conductor de baja resistividad, no cualquier material sirve a este propósito.

En el caso del circuito, en termino estricto, la potencia disipada en R que representa el funcionamiento de dicha estructura, es una función no sólo de los componentes del nivel 1, sino de todos los componentes implícitos en todos los subniveles posibles. El funcionamiento en este caso no solo depende del valor de V, sino de las distribuciones espaciales de los componentes químicos, los átomos implicados, sus configuraciones electrónicas, e incluso del valor de las constantes físicas como la carga del electrón, *y finalmente de las mismas leyes físicas*. Todo esto es parte de los requerimientos necesarios para que una estructura funcione, una pequeña perturbación, incluso a nivel subatómico, puede causar una perturbación en cadena a través de todos los niveles hasta repercutir en el funcionamiento de la macro estructura como en el caso del yodo radioactivo.

FUNCIONES DE DEPENDENCIA

Hasta ahora hemos visto analizado los niveles de un modo descendente, si en cambio cambiamos el enfoque podemos considerar que un componente de un nivel superior es el resultado de la integración de los elementos del nivel inferior contiguo, y este último a su vez del siguiente. Un ser viviente sería entonces una integración de órganos dispuestos en una adecuada conexión y disposición. Cada órgano es una integración de otros sub-órganos que a su vez son una integración de células. Estas últimas son una integración de componentes celulares (mitocondrias, ADN, membranas, etc.) que a su vez son una integración de polímeros (nucleótidos, proteínas, etc.) que a su vez son una integración de átomos. Los átomos son una integración de partículas subatómicas que a su vez son una integración de quarks y por último estos son una integración de campos cuánticos.

De lo anterior se desprende que, el funcionamiento de una estructura es una función de dependencia de sus componentes, es decir, que su funcionamiento dependerá del grado de funcionamiento de cada componente dentro del esquema de interrelaciones entre las mismas. La naturaleza de dichas interrelaciones son las que determinan el grado de importancia de cada función con respecto a otros componentes como a la estructura en general. Sabemos que el cerebro es una función de dependencia del corazón, puesto que si el corazón no le bombea sangre no podrá funcionar, recíprocamente el corazón también es una función de dependencia del cerebro puesto que el mismo necesita recibir las señales eléctricas (concretamente del hipotálamo) que definan el ritmo de pulsaciones cardiacas, por lo tanto, sin el cerebro tampoco podrá el corazón funcionar. A dicha función de dependencia la denotaremos con el símbolo: ☐

RENDIMIENTO (☐)

Es el grado de funcionamiento que puede conseguir un componente estructural, o una estructura poli-componente. Básicamente el rendimiento es el cociente del funcionamiento real entre el funcionamiento ideal o esperado. La siguiente expresión lo define:

Rendimiento: $\quad\quad ☐ = \dfrac{Funcionamiento\ real}{Funcionamiento\ ideal}$

Entonces podemos considerar un funcionamiento optimo cuando se cumple que el Funcionamiento real es igual al Funcionamiento ideal, siendo en este caso ☐ = 1. Para expresar el rendimiento de una manera más familiar podemos usar porcentajes.

Por ejemplo, en el caso anterior no hemos referido a un funcionamiento al 100%, si se dijera que una estructura funcional dada funciona al 76% ello significara un ☐ = 0.76, si en otro caso funcionare al 105% su rendimiento seria ☐ = 1.05.

Si bien podemos analizar el rendimiento de una estructura en su conjunto, también podemos remitirnos al análisis del rendimiento de cada componente en particular, y a su vez poder estimar los efectos que implicaran las alteraciones de rendimiento de un componente sobre el funcionamiento del resto de la estructura.

Sea Ci un componente cualquiera de la estructura, existirá un rendimiento de la misma denotada por:

$$\square (Ci) = F_{Real} (Ci) / F_{Ideal} (Ci)$$

Para una estructura $E(C_1, C_2, ... Cn)$ de n componentes el rendimiento será :

$$\square_E (C_1, C_2, ... Cn) = F_{RE}(C_1, C_2, ... Cn) / F_{IE}(C_1, C_2, ... Cn)$$

VARIACION

Antes de proseguir es necesario y oportuno incluir otro concepto que representa la variación del valor del funcionamiento real con respecto al funcionamiento óptimo, estando definido según la expresión siguiente:

Variación: $\quad V = 1 - \square$

CALCULO DE LAS FUNCIONES DE DEPENDENCIA

Es una función que describe la medida en que el funcionamiento de una estructura se verá afectada por la variación en magnitud de un componente de la misma.

Sea $\square_E(Ci)$ una función de dependencia de la estructura E con respecto al componente Ci.

En el caso de una estructura monocomponente como la hoja de afeitar se cumplirá que:

$$F_E(Ci) = \square_E(Ci)$$

Es decir, el funcionamiento de la estructura E es igual a la función de dependencia de la misma con respecto al componente Ci.

Sin embargo, para el caso de una estructura policomponente, como el circuito eléctrico mostrado en la fig. 2 existirán tantas funciones de dependencia como componentes tenga la estructura, es decir, existirán en la estructura $E(C_1, C_2, ... Cn)$ de n componentes las siguientes funciones de dependencia:

$$\square_E(C_1), \square_E(C_2), \ldots\ldots\ldots, \square_E(Cn)$$

Para hallar esta función con respecto a una variable en particular, consideremos a la variable referenciada como única, estando el resto en calidad de constantes con valores óptimos. Veamos los siguientes ejemplos:

Se trata de hallar las funciones de dependencia del circuito con respecto a V, r y R. Tenemos que el funcionamiento de este circuito que llamaremos estructura C está definido por la potencia P disipada en la resistencia R tal que:

$$P_R = \frac{V^2 R}{(R + r)^2} \quad\dots\dots\dots\dots\dots\dots(1)$$

En el caso de V consideraremos a R y r como constantes con los valores óptimos. Podremos entonces expresar la función de dependencia del circuito C con respecto al voltaje V de la siguiente manera:

$$\square_E (V) = k1 \cdot V^2 \quad \text{donde } k1 = R / (R + r)^2$$

Análogamente para R y r:

$$\square_E (R) = k2 \cdot R / (R + r)^2 \qquad \text{donde } k2 = V^2$$

$$\square_E (r) = k3 \cdot (R + r)^{-2} \qquad \text{donde } k3 = V^2 R$$

El rendimiento de la estructura también será una función adimensional del rendimiento de cada componente en particular. Para el caso del circuito tenemos que el rendimiento será el cociente de la función de dependencia de la estructura con respecto a todos los componentes con valores reales entre la misma con valores óptimos, es decir:

$$\square_E(V,r,R) = \square_E (V',r',R') / \square_E (V,r,R)$$

Donde V',r',R' son los valores reales y V,r,R son los valores óptimos. De la expresión anterior tenemos que:

$$\square_E(V,r,R) = \frac{\dfrac{V'^2 R'}{(R' + r')^2}}{\dfrac{V^2 R}{(R + r)^2}}$$

$$\square_E (V,r,R) = (V'/V)^2 . (R'/ R) . ((r + R) / (r' + R'))^2$$

Dado que $V'/V = \square_V$, $R'/ R = \square_R$, $r' = r . \square_r$ y $R' = R . \square_R$

Entonces la expresión quedará en función de los rendimientos tal como se muestra:

$$\square_E (\square_V , \square_R , \square_r) = \square_V^2 . \square_R . ((r + R)/(r . \square_r + R . \square_R))^2$$

Considerando r y R como constantes con los valores óptimos.

Aplicando esto para cada función de dependencia de cada componente en particular se tiene que para el componente V se tendrá:

$$\square_E (V) = \square_E (V') / \square_E (V)$$

$$\square_E (V) = k_1 \ (V')^2 / k1 \ (V)^2 = (V'/V)^2 = (\square_V)^2$$

Por lo tanto el rendimiento de la estructura con respecto al componente V es igual al cuadrado del rendimiento particular del mismo.

Para r tenemos:

$$\square_E (r) = \square_E (r') / \square_E (r)$$

$$\square_E (r) = k3. (R + r')^{-2} / k3. (R + r)^{-2} = ((R + r)/(R+r'))^2$$

Dividiendo entre r ambos miembros se tendrá:

$$\square_E (r) = ((R/r + 1)/(R/r + \square_r))^2$$

Haciendo R/r =1 tenemos el siguiente resultado:

$$\Box_E (r) = 4 (\Box_r + 1)^{-2}$$

Por último para R se tendrá:

$$\Box_E (R) = \Box_E (R') / \Box_E (R)$$

$$\Box_E (R) = k2 \cdot R' / (R' + r)^2 / k2 \cdot R / (R + r)^2$$

$$\Box_E (R) = \Box_R ((R + r)/(R'+r))^2$$

Dividiendo entre R ambos miembros y haciendo R/r = 1 tenemos:

$$\Box_E (R) = \Box_R ((1 + r/R)/(\Box_R + r/R))^2 = 4 \Box_R /(\Box_R +1)^2$$

Con estas 3 funciones podemos construir el siguiente gráfico que ilustra los efectos en el funcionamiento de la estructura que producen cada componente.

Rendimiento estructura vs. rendimientos componentes

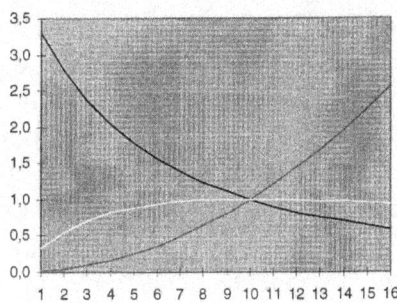

En el gráfico se observa el comportamiento que afecta al rendimiento de esta estructura según las variaciones del rendimiento de cada componente en particular. La línea gris representa el funcionamiento en función de las variaciones de V, como se puede observar tiene un comportamiento parabólico debido a su expresión matemática $(\square v)^2$. La línea negra representa el funcionamiento en función de las variaciones de r y la línea blanca el funcionamiento en función de R. Como es de esperar todas producirán un funcionamiento optimo, es decir, $\square_E = 1$ para iguales valores en sus rendimientos, de ahí que todas se intercepten en dicho punto.

SENSIBILIDAD

La observación del gráfico nos muestra distintos comportamientos para cada componente en cuanto al funcionamiento de la estructura. Por ejemplo, un cambio del valor de V produce una mayor alteración del funcionamiento que un cambio igual de R y si observamos la gráfica del rendimiento en función de r veremos que el cambio es negativo, es decir, si su rendimiento es mayor que 1, por contra, el rendimiento de la estructura ser menor que 1. Todo esto nos lleva a considerar la pendiente de un tramo de la curva como la medida del modo y magnitud en que se altera el funcionamiento de la estructura en función del cambio en el rendimiento de un componente en dicho punto, a esto lo llamaremos sensibilidad y podemos por tanto decir que, en un rango dado, la estructura es más o menos sensible al cambio de rendimiento de un componente respecto a otro.

La expresión de la sensibilidad será, por esto, la derivada del rendimiento estructural con respecto al rendimiento del componente.

$$S_E(c) = \frac{d\,\eta_E}{d\,\eta_c}$$

Siguiendo el ejemplo del circuito eléctrico calculemos la sensibilidad de los tres componentes cuando estos tengan un rendimiento óptimo ($\eta_E = \eta_{ci} = 1$):

Para V se tendrá:

$$S_E(V) = d\,\eta_E(V) / d\,\eta_V = d\,(\eta_V)^2 / d\,\eta_V = 2\,\eta_V$$

Como $\eta_V = 1$ entonces: $S_E(V) = 2$

Para r tenemos:

$$S_E(r) = d\,\eta_E(r) / d\,\eta_r = d\,(4 \cdot (\eta_r + 1)^{-2}) / d\,\eta_r$$

$$S_E(r) = -8\,(\eta_r + 1)^{-3}$$

Como $\eta_r = 1$ entonces:

$$S_E(r) = -1$$

Para R se tendrá:

$$S_E(R) = d\,\eta_E(R) / d\,\eta_R = d\,(4\,\eta_R /(\eta_R + 1)^2) / d\,\eta_R$$

Hallando la derivada de esta expresión tenemos:

$$S_E (R) = 4 (1 - \square_R) . (1 + \square_R)^{-3}$$

Como $\square_R = 1$ entonces:

$$S_E (R) = 0$$

Esto último se aprecia con claridad en el gráfico en cuanto la pendiente de la curva es 0 en dicho punto. Esto significa que el funcionamiento de la estructura no es sensible a los cambios que puedan producirse en la resistencia R en un intervalo de valores cercano a $\square_R = 1$, mientras que para la resistencia r existe una sensibilidad negativa y por último, puede decirse que la mayor sensibilidad la tiene el componente V, de tal modo que una variación de su valor redunda en doble proporción en el funcionamiento de la estructura.

En este caso hemos buscado los valores de sensibilidad en el punto óptimo, pero también, podemos hallarlo para otras zonas según nos sea de interés.

Se ha hecho el análisis de dependencia y sensibilidad de una estructura consistente en un circuito eléctrico muy simple. Se pueden realizar análisis de estructuras más complejas, pero ello ya es competencia de cada disciplina científica o técnica particulares al caso. No es el propósito de este libro profundizar en dichos casos, como si lo es clarificar y exponer estos conceptos.

Capitulo 5

COHERENCIA

No todas las llaves son funcionales para abrir una puerta, sólo lo serán aquellas que tengan el perfil complementario de la cerradura, es decir, sean coherentes con la misma. Ello permitirá que la misma pueda girar y así activar los mecanismos de apertura de la puerta. Si por el contrario la forma de la llave no fuese coherente con la cerradura no podrá conectar con ella y, por lo tanto, no se podrá abrir la puerta.

Ahora bien, notemos que la coherencia es en sí misma una restricción. En el ejemplo cualquier llave no abre la cerradura de la puerta, sino aquella que tiene la restricción funcional, es decir, la coherencia que funciona para abrir la cerradura. Por lo tanto, la coherencia es una restricción que puede ser natural como las valencias atómicas o funcional como las piezas de una máquina.

Con este sencillo ejemplo podemos decir que *la coherencia es la capacidad de un átomo, molécula, o artefacto de conectarse con otros e incluso con un conjunto estructural producto que llamaremos* **contexto**.

Definiremos para este caso un operador de coherencia el cual denotaremos por "|", de tal modo que si decimos que A | B (léase A coherente con B) significa que existe coherencia entre ambas. Ahora podemos definir la conexión de estructuras.

CONEXION DE ESTRUCTURAS

Sean dos estructuras A y B con complejidades respectivas C_A y C_B. Si A | B entonces existe una estructura D = A x B con complejidad C_D, que es resultado de la conexión de las estructuras A y B.

TIPOS DE COHERENCIA

En la naturaleza existen muchos casos que ilustran los distintos tipos de coherencia de acuerdo a cuán fácil se realiza la conexión. Los átomos pueden unirse espontáneamente de acuerdo a una coherencia llamada valencia con otros átomos para formar moléculas. En ésta, los átomos son capaces de enlazarse, sea por compartición de electrones o por atracción electrostática de una manera **espontánea,** por supuesto con el debido concurso de la energía necesaria. En otros casos la unión no esta tan sencilla, pues requiere el concurso de un agente externo que haga las veces de casamentero para unir parejas, a este agente se lo conoce como **catalizador** y estimulara el apareamiento de ciertos átomos o moléculas con otras, éste es por tanto un caso de coherencia **forzada**.

Por último, existe un tipo más sofisticado de coherencia, es aquella en la cual el agente externo necesita cumplir un convenio para que la conexión sea realizada. No se trata solo del concurso de energía y su sola presencia, en este caso, el agente externo necesita realizar un **convenio de conexión** sin cuyo desarrollo la conexión es imposible.

Todo proceso de orden necesitara el concurso de energía. Si es un orden formado no funcional dirigido por atractores físico-químicos se podrá generar espontáneamente si las condiciones apropiadas concurren.

COHERENCIA POTENCIAL

Consideremos ahora el caso de un despistado que desea incorporar a su automóvil un equipo de música. Se dirige a una tienda y compra una unidad, luego va a su automóvil y lo coloca sobre el salpicadero, luego enciende el equipo pero este se niega a funcionar, toca todos los botones, pero nuestro personaje aún no se percata que tiene que *conectar* el equipo a su automóvil de tal modo que pueda recibir el suministro eléctrico, la señal de la antena y enviar la señal de audio a los altavoces. Cuando toma conciencia de ello se pregunta: ¿Dónde conecto esto? Mira con detenimiento el interior y observa que en la consola hay un compartimiento que parece encajar con el equipo de música. Finalmente conecta el equipo al automóvil y felizmente, al encender el mismo, funciona.

La historia grafica otro concepto importante a tener en cuenta en el análisis de estructuras funcionales; Es decir, manifiesta la presencia de una **coherencia potencial** por parte de la estructura base con respecto a la estructura accesoria. En el ejemplo el automóvil ya estaba *preparado* para recibir el equipo de música. Esto es, el automóvil tenía coherencia potencial con respecto a este último y ello facilitó la conexión evitando más adaptaciones técnicas.

COHERENCIA FUNCIONAL

Es aquella que permite que la estructura resultante sea funcional. En este caso la coherencia funcional la denotaremos por "||", de tal modo que si decimos que A || B (leer A funcionalmente coherente con B) significa que entre ambos existe coherencia funcional.

Sean dos estructuras A y B. Si existe una estructura funcional C = A x B. Entonces se dice que A y B son coherentes funcionalmente (A || B).

En otras palabras esta definición dice que si dos estructuras se conectan, y la estructura resultante es funcional, entonces este tipo de coherencia se cumple. Veamos un ejemplo comparativo.

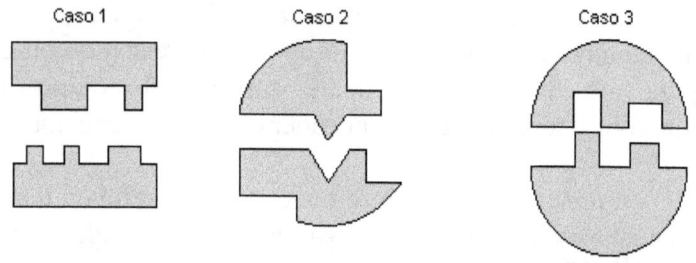

Caso 1	Caso 2	Caso 3
No hay coherencia	Hay coherencia pero no es funcional	Hay coherencia funcional

Tenemos tres casos en los que el funcionamiento consiste en formar un círculo. En el primer caso no hay encaje y por lo tanto no pueden conectarse, no son coherentes. En el segundo caso, si pueden conectarse, pero la estructura producto no es funcional. Por último, en el tercer caso, hay coherencia funcional por cuanto no solo encajan sino que forman un círculo.

COHERENCIA DE CONTEXTO

Si analizamos el caso 2 podemos preguntarnos ¿Qué impide que añadiendo otras piezas se pueda formar un circulo mayor y cumplir con el objetivo? Hay que reconocer que ello es posible, por tanto, aunque 2 componentes no formen una estructura funcional producto, si pueden en cambio, ser parte del contexto de un mayor número de componentes que juntos si formen una estructura funcional. Los juegos de rompecabezas son un ejemplo bastante claro, algunas piezas son coherentes con unas mas no con otras. No obstante, existe un **contexto** mediante el cual todas están encajadas formando una estructura funcional. Lo mismo sucede con cualquier pieza de una maquina cualquiera, primeramente tiene coherencia con otra pieza a la cual puede conectarse, pero el resultado es, aparentemente, no funcional. Sin embargo, cuando se juzga la misma a la luz del contexto de la máquina en conjunto completamente conectada, si resulta ser coherencia funcional. A esta propiedad se denomina **coherencia de contexto** y es la característica fundamental de todas las estructuras funcionales.

Sean dos estructuras A y B de k y j componentes respectivamente. Si la estructura producto C = A x B es funcional y por ello A || B. Entonces la colección de componentes n = k + j tienen coherencia de contexto.

El siguiente ejemplo muestra el caso de un conjunto de componentes con coherencia de contexto, en el cual las piezas encajan para formar una T que funciona como carácter alfabético, luego la misma es una estructura funcional.

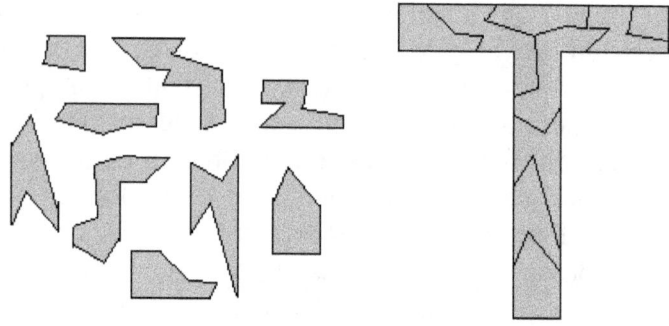

De esto se deduce también la siguiente consecuencia:

Siendo los componentes de una estructura E los siguientes: $c_1, c_2, c_3, \ldots \ldots c_n$ *y por tanto*
$E = c_1 x c_2 x c_3 x \ldots \ldots c_n$ *Si se cumple que la estructura E es funcional, un componente cualquiera de la estructura tendrá que ser funcionalmente coherente con el resto.*

Es decir:

$$c_i \ || \ E/c_i$$

FUNCIONALIDAD CONTEXTUAL

Analicemos una estructura funcional de n componentes A = $F(f_1, f_2, f_3 \ldots f_n)$ donde:

$f_1, f_2, f_3, \ldots, f_n$ son las funcionalidades respectivas de los n componentes.

A es una estructura funcional, por lo cual hay coherencia de contexto entre las n funcionalidades que corresponden a la estructura. Como vimos anteriormente en una estructura funcional cada componente es funcionalmente coherente con el resto:

Tal como se muestra:
$$f_n \| \square_{i=1}^{n-1} f_i$$

De esto se deduce también la siguiente consecuencia: si se cumple que la estructura es funcional, un componente cualquiera de la estructura tendrá que ser funcionalmente coherente con el resto. Y ello significa que un componente puede ser útil solo en la totalidad del contexto estructural, más no de forma independiente, del mismo modo que un chip microprocesador es solo útil cuanto está conectado a la placa base de un ordenador, **de forma independiente no sirve para nada**, salvo como curiosidad. A este tipo de funcionalidad, que solo funcionan en un contexto y no de forma aislada, la llamaremos **funcionalidad contextual**.

MULTICONTEXTUALIDAD

A diferencia del caso anterior en el que un componente dado solo es funcional al estar conectado a un solo contexto funcional, existen casos en los cuales un componente puede conectarse funcionalmente a múltiples contextos funcionales, en dichos casos presentará una **funcionalidad multicontextual**.

Sea el contexto $C_t = \bigcap\limits_{i=1}^{n} f_i$ *con una colección de componentes t*

Si existe una funcionalidad f_k y se cumple que $f_k \square C_t$, luego f_k es uno de sus componentes

Entonces se darán los siguientes casos:

Si solo $f_k \| C_{t\text{-}k}$ entonces f_k presentará funcionalidad contextual.

Pero si existiendo otros contextos tales como C_m, C_h o C_x con colecciones de componentes m, h y x respectivamente se da también que:

$$f_k \| C_{m\text{-}k} \ , \ f_k \| C_{h\text{-}k} \ y \ f_k \| C_{x\text{-}k}$$

Es decir, puede pertenecer a otros contextos distintos, entonces f_k presentará funcionalidad multicontextual.

Hace algunos años un barco mercante tuvo que detenerse en alta mar por causa del fallo de un importante instrumento de navegación. Cuando se revisó el instrumento se descubrió que una miserable resistencia quemada era la causa del fallo. Sin embargo, no disponían de ninguna resistencia con la específica resistividad en su colección de repuestos. El no poder reparar el instrumento y tener que esperar varios días a que un helicóptero trajera el repuesto suponía varios miles de dólares en pérdidas. En este dilema los técnicos se pusieron a pensar hasta que a uno de ellos se le ocurrió una brillante idea. Era verdad que no tenían una resistencia con esa específica resistividad, pero sí disponían de otras resistencias con las cuales se podría, en una determinada disposición serie y paralelo, obtener un equivalente resistivo a la resistencia quemada. Puestos manos a la obra hicieron dicho equivalente y lo soldaron a la placa del instrumento de navegación logrando, no sólo repararlo, sino también ahorrar muchos miles de dólares a la compañía naviera.

Esta anécdota muestra como la funcionalidad multicontextual de varias resistencias su unieron deliberadamente para conferirles la funcionalidad contextual de la resistencia quemada, pero la moraleja es que, aunque dichas resistencias eran los repuestos de otros contextos, pudieron, en sociedad con otros, funcionar en el contexto del instrumento de navegación dañado.

Esta facultad de los componentes de conectarse a más de un contexto distinto es lo que ahora llamaremos **multicontextualidad**.

Sea el contexto D que resulta de la unión de los contextos

A y B tal que D = A x B

Dado que ambos están conectados, es decir, A|B se cumple que la complejidad de A define a todos los casos posibles a los que puede conectarse B y la complejidad de B define a todos los casos a los que puede conectarse A.

Por lo tanto, si se da que la complejidad de A es menor que la de B, es decir, $C_A < C_B$ entonces se cumplirá que A se conectará a mas contextos permitidos por la complejidad de B y, a su vez, B se conectará a menos contextos permitidos por la complejidad de A

Es decir:

Siendo M_A la multicontextualidad de A se da que

$$M_A = C_D / C_A = C_B$$

Y siendo M_B la multicontextualidad de B se da que

$$M_B = C_D / C_B = C_A$$

De esto deducimos el siguiente principio matemático:

La multicontextualidad de una estructura es inversamente proporcional a su complejidad, es decir, a más complejo menos multicontextual y a menos complejo más multicontextual.

Para ilustrar con claridad este principio consideremos el siguiente ejemplo: Imaginemos que tenemos una máquina que nos puede suministrar tarjetas con un número del 0 al 999999999. Resulta que deseamos construir un número de 9 cifras, por ejemplo el número telefónico 045784512. La máquina nos dará los números de manera aleatoria o sea que si necesito conseguir dicho número con 9 dígitos (complejo) podría tener que solicitar números a la máquina hasta 10^9 (mil millones) de veces y, claro, no estoy dispuesto a esperar tanto. Otra solución sería extraer números de la máquina con un menor número de dígitos (menos complejos) y unirlos para obtener el número deseado. No obstante, aunque busque números de 4 y 5 dígitos a fin de unirlos y obtener el número deseado será todavía engorroso porque, para tener la esperanza matemática de obtener estos segmentos, tendré que pedirle números a la máquina hasta $10^4 + 10^5$ (110000) veces lo cual aún es demasiado. La solución más simple, por el principio de multicontextualidad, es pedirle a la máquina números de un solo dígito (muy poco complejos) y unirlos para formar el número telefónico, así a lo mucho tendré que pedirle a la máquina 90 solicitudes de números, algo que ya es bastante razonable. Este ejemplo nos ilustra cómo a más complejidad hay menos multicontextualidad y más en caso inverso.

Otra forma de entender este concepto es mediante dos rompecabezas. El primero de ellos es el típico mosaico de piezas similares, pero cuya superficie forma una imagen que constituye un contexto específico como el siguiente:

ROMPECABEZAS 1

CONTEXTO UNICO

Aunque las piezas sean idénticas en forma, salvo las de los bordes. La imagen que contiene las hace únicas y con una funcionalidad contextual que permite que sean encajadas en un solo lugar del rompecabezas. No sirven para encajar en otro lugar porque alterarían el contexto que solo es funcional para una imagen en particular.

Sin embargo, podemos proponer otro rompecabezas más endiabladamente divertido pero difícil. Consiste en un juego de figuras muy simples y sin imagen. Se tratan de polígonos de sólo 3 y 4 caras. La función consiste en conectarlas de tal modo que formen un contexto rectangular como pueden ser, por ejemplo, los contextos A y B:

ROMPECABEZAS 2

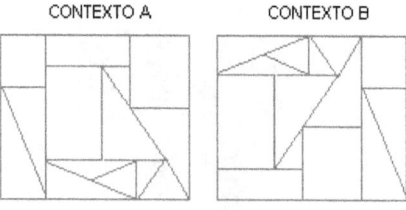

Intente el lector realizarlos sin ver como pueden estar dispuestos para los contextos finales, ya que eso sería hacer trampa, y se sorprenderá de la enorme dificultad que conlleva alcanzar un contexto rectangular cualquiera. La razón estriba en que las piezas de este rompecabezas, a diferencia de la anterior, son muy poco complejas y tienen funcionalidad singular, son fáciles de conectar, pero por lo mismo hacen del rompecabezas más difícil de realizar porque sus piezas se pueden conectar de muchas maneras diferentes y no sólo de una en virtud de una funcionalidad contextual.

Los átomos, por ejemplo, son enormemente multicontextuales ya que pueden ser partes de muchos contextos moleculares diferentes. Del mismo modo los aminoácidos son moléculas multicontextuales para una enorme cantidad de contextos proteicos, pero no todos los aminoácidos posibles sirven para las proteínas biológicas (recordemos que el juego es de sólo 20 aminoácidos). Ahora bien, a medida que vamos subiendo en complejidad veremos que la multicontextualidad empieza a disminuir en proporción inversa.

Cuando llegamos al nivel de complejidad de las proteínas veremos que pocas serán multicontextuales y muchas, como las proteínas reguladoras que se conectan por su coherencia espacial con una específica zona reguladora de un gen específico, son de hecho **monocontextuales** teniendo así una definida funcionalidad contextual, es decir, para un solo contexto y no sirviendo en absoluto para ningún otro.

Los rompecabezas también ponen en relieve un principio interesante. Cuando comparamos una pieza del rompecabezas 1 con otra del rompecabezas 2 notaremos que salta a la vista de que el primero es más complejo que el segundo. Es por ello que resulta más fácil el primer rompecabezas, porque hablamos de módulos no de componentes simples, hablamos, por ejemplo de genes, ribosomas, spliceosomas, etc. El segundo rompecabezas es más difícil porque es como si nos pidieran que con algunos átomos o incluso monómeros sencillos formáramos el contexto de una proteína, ARN mensajero, un gen, u otro polímero **funcional** de la célula.

Ahora reflexionemos, si comparamos el ejemplo de los números con el de los rompecabezas surge una aparente contradicción que nos va a llevar a una conclusión crucial. En el ejemplo de los números vimos que para conseguir el número requerido, es decir, que sabíamos cual es conociendo el contexto final, resultó más sencillo pedirle a la maquina números lo menos complejos posibles, es decir, de un solo dígito. Sin embargo, en el caso del rompecabezas fue al contrario. Aquí no conocíamos el contexto final (el rompecabezas armado). Por ello la solución más fácil resultó ser el rompecabezas con las piezas más complejas porque era más sencillo conectar piezas que te dan pistas (patrones) a través de su imagen para saber con quién pueden conectarse, que piezas sencillas que no aportan información de conexión por su elevada sencillez y, en consecuencia, elevada capacidad multicontextual.

¿Qué diferencia existe en estos casos que resuelva esta paradoja?

La diferencia está en la manera de encarar dichos problemas. **En el primer caso conocíamos el contexto final lo que nos proporcionaba un plan para saber que números y en que posiciones deben estar dispuestos. En el segundo caso no conocíamos el contexto final y por ello carecíamos de un plan que nos indique cómo disponer las piezas para llegar a él.** No hay ninguna receta que nos guíe para la fabricación o síntesis de un resultado concreto. Lo que hacemos en el rompecabezas, como se hace en la investigación biomolecular, es solo investigar cómo se conectan los componentes para estudiar o llegar al contexto final (ingeniería inversa), y ello, claro está, es más fácil de hacer con módulos complejos que con componentes extremadamente simples.

¿Qué nos enseña esto?

Nos enseña que todo proceso de síntesis incluida la abiogénesis (aparición de la vida desde precursores no biológicos) es más fácil si existe un plan como lo es el ADN para todo ser viviente. Pero todos sabemos que para el caso del origen de la vida no existió ningún plan.

¿Podría la vida haber surgido de modo natural sin ningún plan?

Un camino para resolver esta dificultad sería considerar que el primer ser viviente resultó de una conexión de módulos complejos ya funcionales (evolución modular). Dicho organismo, producto de las complejidades de sus módulos componentes, obtendría así, por ventura, una capacidad de metabolizar y replicarse que lo sitúe en la categoría de ser viviente.

Ahora bien, considerando el principio de multicontextualidad, este aparentemente verosímil escenario se nos malogra al reconocer qué, aún admitiendo que dichos módulos hayan podido formarse (algo que analizaremos más adelante), sus propias grandes complejidades les harían tan poco multicontextuales que la posibilidad de que se ensamblen funcionalmente para producir una estructura funcional viviente resultará fantásticamente lejana.

CONVENIO DE CONEXIÓN

Existe un tipo más sofisticado de coherencia en la cual el agente externo necesita cumplir un convenio para que la conexión sea realizada. No se trata solo del concurso de energía y su sola presencia, en este caso, el agente externo necesita realizar un **convenio de conexión** sin cuyo desarrollo la conexión es imposible. La mayor parte de los mecanismos construidos por el ser humano tienen este tipo de conexión por convenio y también todos los organismos biológicos lo presentan.

Muchos de los componentes biológicos están conectados mediante convenios de conexión especiales. **Un convenio de conexión es un método de conectividad entre dos componentes**. No se trata de simples acoplamientos. Se requiere energía y agentes externos que catalicen (ayuden a conectar) los mismos mediante un proceso elaborado.

Imaginemos un experimento mental. En una caja coloquemos un envase y su respectiva tapa. Dicha tapa tendrá una rosca en sentido horario, siendo ésta su sencillo convenio de conexión con el envase. De lo que se trata es de proporcionar energía al proceso agitando la caja con los dos elementos en su interior hasta que las mismas se conecten por obra del azar. Ahora como esto requiere de tiempo, mucho tiempo, seamos bondadosos y agitémosla durante unos 20 millones de millones de años. Luego abramos la caja y veamos en su interior que ha pasado. ¿Pudo el azar conectar ambos componentes en esta extraordinaria multitud de tiempo? Cuando abramos la caja encontraremos solo polvo, pero no una conexión. ¿Por qué? Porque la conexión de ambos componentes se producirá solo si se aplica el convenio de conexión, que es girar la tapa en sentido horario sobre la boca del envase. De nada servirán 20 millones de millones de años de agitación. Esto significa que muchas de las conexiones del mundo biológico no se van a dar **NUNCA** por efecto del azar ni con el concurso de la eternidad ni en todas las burbujas del pretendido multiverso con las más preferentes leyes y constantes físicas. Igualmente en el caso biológico podemos poner en el envase a muchos monómeros y agitarlos juntos sin la presencia de enzimas clave por el mismo tiempo y repetirlo en todos los universos posibles, sin embargo, como en el anterior caso, no los hallaremos unidos jamás.

La síntesis de proteínas presenta este tipo de conexión. Ninguna proteína biológicamente funcional nace como el resultado fortuito de una conexión espontánea. Resulta más bien de un elaborado proceso de fabricación en la cual la doble cadena de un gen unida por complementariedad (coherencia funcional) es separada por una enzima llamada polimerasa de ARN creando así, de una de las cadenas, un molde del gen. Dicho molde es una cadena de ARN mensajero (ARNm). Esta cadena ya libre será ahora tratada por un artefacto llamado Ribosoma. Este artefacto recibe la cadena de ARNm y con ella cataliza la unión de cada eslabón con fragmentos de ARN de transferencia (ARNt) dispersos en el medio que sean complementarios con los eslabones del ARNm. De este modo va saliendo del ribosoma una cadena de aminoácidos que luego se plegarán por medio de atracciones electrostáticas en una disposición espacial como la de un ovillo de lana. Así finalmente se terminará de fabricar una proteína.

Como hemos visto, este proceso, que se ha narrado de una manera extraordinariamente simplificada, implica una compleja coordinación de muchos actores en la maquinaria celular. No son pues simples conexiones, ni siquiera conexiones catalizadas, tienen con claridad un convenio de conexión complejo y ello implica que precisan de un **plan de fabricación.**

Sabemos que a nivel atómico, los átomos pueden unirse (conectarse) con otros átomos para formar moléculas de acuerdo a ciertas coherencias llamadas valencias que les permiten compartir electrones y formar entes mayores. **Conforme aumenta la complejidad de la molécula, monómero o polímero, sus capacidades de conexión (multicontextualidad) son cada vez menores e improbables.** Finalmente, ya a nivel celular, aparecen convenios de conexión que implican a muchos actores protagonistas de un proceso de síntesis y a su vez, también dichos actores son sintetizados por otros convenios complejos en los que también participan los actores que sintetizaron en un proceso de interdependencia mutua.

John Horgan aborda este problema al decir:

"Los trabajos de Watson y Crick y otros **han demostrado que las proteínas se fabrican siguiendo las instrucciones dictadas por el ADN.** Pero hay un problema. El ADN no puede desempeñar su trabajo, ni siquiera su propia replicación, sin el concurso de proteínas catalíticas, o enzimas. En pocas palabras, no se pueden fabricar proteínas sin ADN, ni tampoco ADN sin proteínas". (5)

Todos estos actores forman parte de un contexto funcional complejo, con mutuas dependencias y con conexiones e interrelaciones también complejas que requieren convenios de conexión para ensamblarse entre sí. Como hemos visto antes, dichos convenios no pueden reproducirse por el solo concurso de energía y tiempo, **ya que implican agentes externos que dirijan el proceso de conexión.**

Estos conceptos son cruciales para juzgar qué, cuando una estructura cualquiera de nuestro universo refleje funcionalidad contextual, será efectivamente un artefacto, es decir, una estructura funcional que tiene un objetivo, implica un diseño y por consecuencia **tiene un diseñador**.

Pero, supongamos que pese a estos argumentos insistiéramos en que la vida es, tal como lo afirman Richard Dawkins y Francis Crick, tan sólo un aparente diseño y que la presencia de convenios de conexión en los organismos vivos fuesen aún considerados como una prejuiciosa interpretación a posteriori de diseño en lugar de evidencia objetiva. Tendríamos entonces la esperanza de que son posibles rutas naturales a la organización compleja que pudieran producir convenios de conexión tales como los de las estructuras funcionales fabricadas por la especie humana.

Ahora bien un convenio de conexión es en sí mismo una organización compleja, es decir, un proceso funcional que necesita llegar a la existencia. Entonces, si no concursa ningún agente o contexto externo ¿Es posible matemáticamente que llegue a existir? Veamos el siguiente capítulo.

Capitulo 7
IGNICION FUNCIONAL

Hay un momento trascendental en el desarrollo de todo embrión en el cual su pequeño corazón, incipiente pero ya capaz, empieza a latir. Del mismo modo, al final de la vida biológica sucede lo contrario, sobreviene el colapso y, con ello, el corazón dejará de funcionar. Este principio y fin marca la frontera del estado funcional de una estructura. En las máquinas creadas por el hombre también existen dichas fronteras. Hay un punto a partir del cual se alcanza la completitud y el contexto funcional necesario para que la estructura empiece a funcionar. A éste instante denominaremos; **Ignición funcional.** El caso contrario lo llamaremos **Colapso funcional.**

¿Cuándo sucede este especial instante en la construcción de una estructura funcional? Para absolver esta interrogante es necesario conocer los conceptos a continuación tratados.

COMPLEJIDAD MÍNIMA FUNCIONAL (CMF)

Para todo objetivo se pueden plantear muchas soluciones, algunas serán más ineficientes que otras al requerir mayor complejidad para un mismo objetivo. No obstante, siempre puede existir una solución, entre todas las posibles, con una complejidad mínima necesaria para cumplir con el objetivo. A esta complejidad la llamaremos mínima funcional, en cuanto es **la mínima necesaria para**

permitir el funcionamiento y no existirá ninguna otra solución menos compleja ni mágica que consiga el objetivo.

Para un mismo objetivo existen varias soluciones S_1, S_2, S_3, ... Sn con complejidades C1, C_2, C_3, ... C_n respectivamente. Siempre existirá una solución S_m cuya complejidad asociada es menor o igual a todas ellas y no existirá por tanto ninguna otra solución para dicho objetivo menor que esta.

Consideremos una esfera. Nuestro propósito será cercarla de tal manera que quede aislada. Usando tablas se pueden disponer muchas soluciones:

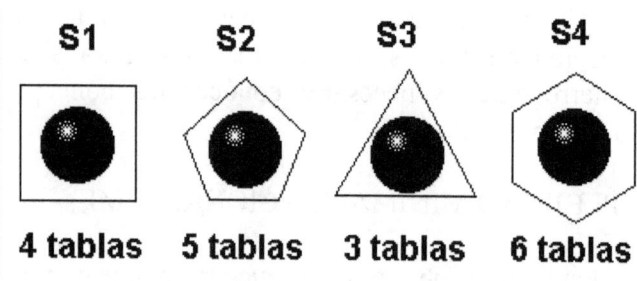

S1   S2   S3   S4

4 tablas   5 tablas   3 tablas   6 tablas

Como se observa, (visto desde arriba) pese a que son posibles muchas soluciones, bidimensionalmente como mínimo necesitamos 3 tablas como en la solución 3. No existe una solución en la cual se use sólo 2 tablas rectas y pueda cercarse la esfera dentro de la geometría euclidiana. Incluso en la geometría de Rieman para lograrlo con 2 tablas rectas sería preciso que sean tan grandes que cruzaran el universo entero, como ello no es práctico, se requerirán de tres tablas como mínimo. Incluso topológicamente se sabe que un grafo regular debe tener como mínimo 3 aristas. Las soluciones aplicadas aquí se refieren a un cerco bidimensional y hemos visto que como mínimo se precisa de tres tablas rectas, veamos ahora el caso cuando se precisa cercar la esfera tridimensionalmente, siendo la complejidad una función del número de caras:

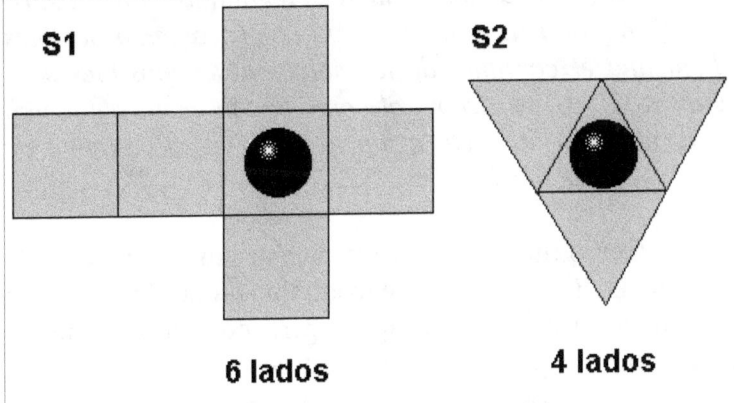

En este caso se presentan 2 soluciones, la primera consiste en un cubo de 6 caras, y la segunda en un tetraedro de 4 caras. También, claro está, hay más poliedros posibles con mayor número de caras, pero la solución mínima es el tetraedro. En un cerco tridimensional mediante superficies planas no hay una solución menor que esta, pues más allá tenemos una imposibilidad estructural.

Como hemos visto, el número mínimo necesario de caras planas para cercar bidimensionalmente a la esfera es 3, y tridimensionalmente 4. Por tanto en ambos casos se tienen unas CMFs de 3 y 4 respectivamente.

MÍNIMO PARAMETRICO DE UNA CMF

Ahora veremos como la CMF no es el único límite para las soluciones posibles.

Si consideramos el conjunto G de todos los casos posibles de un sistema cuya complejidad es igual a la CMF existirá un subconjunto de soluciones paramétricamente posibles H tal que el conjunto de las soluciones imposibles J es igual a G - H, es decir, tal como se vio en la definición matemática de estructura funcional, H es el conjunto de las soluciones funcionales.

Como ilustración usaremos nuevamente el cerco de la esfera. En la misma encontramos que la CMF lo constituía un cerco de 3 tablas, pero no consideramos el área como un parámetro de la estructura. En la siguiente figura veremos cómo no todas las soluciones estructuralmente iguales, pero paramétricamente distintas, son posibles:

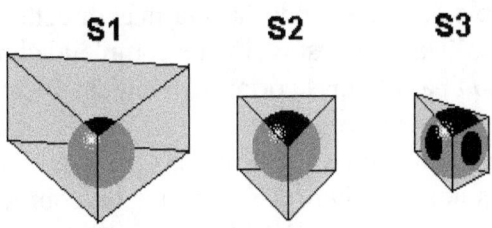

En la primera solución los lados del cerco son grandes y por ello la esfera cabe holgadamente. Se puede por tanto buscar una solución en la que, en aras de la economía, los lados sean lo más pequeños posibles hasta tocar a la esfera, tal es el caso de la solución 2. Para un cerco que forme un triángulo equilátero el área mínima límite sería A= 4□3.r^2, donde r es el radio de la esfera. Sin embargo una solución aún menor (S3) es imposible, pues en dicho caso las paredes tendrían que atravesar la esfera y, como es obvio, ello no puede suceder.

En conclusión, podemos decir que S1 es una solución arbitraria mayor en cuanto al área de los lados, que S2 es la solución paramétrica mínima de las soluciones posibles, y por último S3 es una solución con imposibilidad paramétrica en cuanto a que, el área de sus lados, es inferior al mínimo paramétrico de la CMF.

Lo mismo sucede si deseamos desplazarnos de un punto A a otro B en una ciudad. Como alternativas de recorrido existen muchas, si hay paciencia podemos trazar una ruta larga a fin de hacer un recorrido turístico, pero si hay prisa sabemos que la forma de llegar en el menor tiempo posible es recorriendo la ruta más directa, esto es, la línea recta. Esta es una solución de complejidad mínima, no existiendo una ruta más corta; pero lamentablemente, el trazado de las calles no permite una trayectoria recta, tenemos que atenernos a las vías (calles) que las edificaciones nos permiten. A no ser que las sobrevolemos o conozcamos las artes de David Coperfield para atravesar paredes, estaremos obligados a seguir una trayectoria no lineal. Aun así, podemos con la ayuda de un mapa establecer cuál es la ruta de menor recorrido. Luego, podemos plantearnos que medio de transporte necesitamos para el desplazamiento, puede ser a pie, él más simple y económico pero más lento, usar una bicicleta, un automóvil o incluso un helicóptero. Con cualquiera de estos medios podemos llegar a nuestro destino. Pero si parte del objetivo es, no solo llegar al destino, sino llegar lo más rápido posible, entonces seguramente elegiremos el más costoso de todos: Utilizar un helicóptero. Por otra parte, si el objetivo contempla llegar al menor costo posible la solución mínima funcional será ir caminando.

Desde un punto de vista energético también podemos cuantificar la complejidad mínima en relación a la energía consumida en el desplazamiento. Para el mínimo recorrido habrá una energía consumida E_M, si nos desviamos de la ruta mínima para realizar una compra y luego continuamos hacia nuestro destino habremos empleado una energía E_D, que como es lógico será mayor que E_M. Sin embargo, no existirá ningún recorrido de energía menor que la mínima posible (E_M).

La complejidad puede aumentar mediante un proceso de integración. En este proceso, como el nombre lo indica, se integran a la estructura nuevos componentes de forma estructurada en el espacio y en el tiempo, es decir, no es un aumento de nivel, como cambiaría la cantidad de agua en un envase al añadírsele ésta mediante un grifo, es un aumento de complejidad, porque los componentes añadidos no son de cualquier naturaleza, están **seleccionados y/o diseñados para encajar (coherencia) y ocupar su puesto en la estructura (contexto).** No hay azar en esta incorporación, por el contrario abundan las restricciones típicas del requerimiento estructural en el que existe un orden y este implica normas que rijan las interrelaciones mutuas del conjunto.

Ahora cabria preguntarse ¿cuándo en el proceso de integración, y por tanto, de aumento en el nivel de complejidad estructural, la estructura empieza a funcionar?

IGNICION FUNCIONAL

En el proceso de integración de una estructura funcional, no se producirá funcionamiento hasta que no se haya completado la coherencia de contexto. A este punto lo llamaremos ignición funcional en cuanto a que es el punto de partida del funcionamiento de la estructura.

Consideremos un proceso de integración en el que se alcanza una complejidad estructural C con n componentes c_i donde:

$$C = \overset{n}{\underset{i=1}{\square}} c_i \quad \textit{cuando el último componente integrado}$$

$$c_n \textit{ cumple que } \overset{n-1}{\underset{i=1}{\square}} c_i \parallel c_n$$

Es decir, el resto de los componentes es funcionalmente coherente con este. Significa que ya existe coherencia de contexto, por lo cual la estructura con complejidad C es funcional, y por lo tanto, a partir de este punto puede funcionar.

Como ha quedado establecido que, en la formación de una estructura, existe un punto en la trayectoria del proceso de integración, a partir del cual se inicia el funcionamiento llamado **ignición funcional,** toda integración posterior podrá mejorar el funcionamiento, pero será accesoria y, por lo tanto, prescindible. Antes de dicho punto el funcionamiento es sencillamente imposible. El gráfico siguiente ilustra la forma que este comportamiento implica. Como se ve tiene la forma de un escalón:

PROCESO DE INTEGRACION

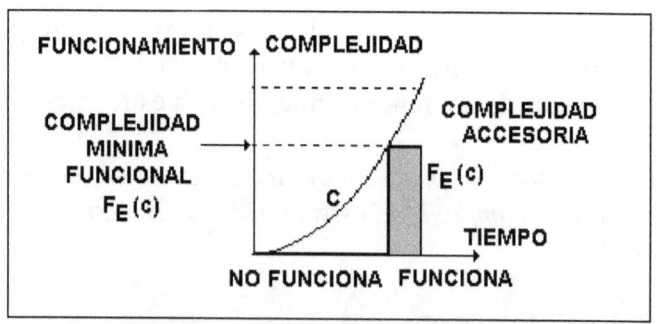

En el gráfico existen 2 curvas que usan el eje vertical para indicar su nivel con respecto al tiempo (eje horizontal). La primera de aspecto parabólico muestra la evolución de la complejidad C con respecto al tiempo. La segunda curva es F_E(C), es decir, la función Escalón de la estructura E cuya variable es el nivel de complejidad. No hay que confundir esta función con aquella que es dependencia del estado de los componentes de una estructura ya hecha. La función escalón es una función lógica con 2 estados; No funcionamiento (0) y Funcionamiento (1). Mostrará en qué momento de la evolución temporal de la complejidad durante el proceso de integración, acontece la ignición funcional de la estructura. Según se ve en el gráfico hasta que la complejidad no alcanza a la mínima funcional el funcionamiento es nulo (F_E(c)=0), solo al atravesar este umbral se produce el funcionamiento.

Sea una estructura E con restricciones R. Existe un conjunto H de soluciones S_i permitidas por las restricciones cuyas complejidades asociadas son mayores o iguales a la CMF de E. Entonces se tendrá que:

$$F_E(c) = \begin{cases} 0 \; ; \; para \; 0 \; \square \; C < CMF & S_i \; \square \; H \\ \\ 1 \; ; \; para \; C \; \square \; CMF & S_i \; \square \; H \end{cases}$$

Como se observa, para los casos en los que se iguala y/o supera la CMF la función escalón F_E(c) (llamada así por *su forma) es igual a 1. Antes de dicha frontera la función tiene por valor 0, es decir, no funciona.*

La ignición funcional se producirá, por tanto, cuando en el proceso de integración se alcance el número de componentes mínimo para obtener la CMF. Entonces se cumplirá que:

$$F_E(c)=0 \text{ cuando la complejidad } C = \sum_{i=1}^{n_{CMF-1}} c_i \text{ pero}$$

$F_E(c)=1$ cuando

$$C = \sum_{i=1}^{n_{CMF}} c_i$$

Donde n_{CMF} representa al número de componentes necesario para alcanzar la CMF.

COLAPSO FUNCIONAL

En este caso la complejidad disminuye, la estructura va perdiendo componentes y en la medida que estos se desintegran del conjunto y según el grado de dependencia de la estructura con respecto a los mismos, el funcionamiento se deteriora o desaparece.

Un ejemplo de desintegración se encuentra en una escena de la película "La vuelta al mundo en 80 días". En ésta, Fileas Fog y sus acompañantes están en un barco de vapor rumbo a Londres, debido a que el barco se fleto sin tener prevista esta ruta, su aprovisionamiento de carbón no fue suficiente para llegar al destino, entonces para salir del apremio, se ven obligados a emplear cualquier objeto de madera para usarlos como combustible al motor de vapor. Al principio emplean los objetos más prescindibles, como decorados, muebles, etc. Luego, cuando esto no basta, comienzan a utilizar como combustible partes menos prescindibles tales como, puertas, paredes (excepto las vigas), y otras partes de madera del casco. Sin embargo, todo tiene un límite y por suerte llegan a su destino cuando ya no hay nada más por prescindir que sirva de combustible. No pudieron, por ejemplo, usar las palas de las ruedas de tracción del barco, ni el casco base pues se habrían hundido, ni el suelo en que se apoyaban, porque usarlas como combustible hubiera significado que la estructura del barco habría dejado de funcionar y por lo tanto no habrían podido llegar.

Todo lo que quedo al final de este proceso de desintegración fue la complejidad mínima funcional que permite que el barco funcione y, por tanto, cumpla el objetivo. Si se desciende por debajo de este límite sobreviene el colapso de la estructura y con ello su muerte funcional. Es entonces ésta complejidad mínima funcional, la frontera entre el funcionamiento y el colapso de la estructura.

Está claro que el punto de inicio de funcionamiento en el proceso de agregación es el mismo que el punto de colapso en el proceso de disgregación y este punto es pues la complejidad mínima funcional.

Lo visto nos lleva a una conclusión muy importante: Toda estructura funcional tiene un nivel mínimo de complejidad necesario para la realización de su objetivo, bajo el cual se encuentra el colapso, y esto significa que el funcionamiento cesa, es decir, se llega a la muerte.

LA IGNICION FUNCIONAL Y EL ORIGEN DE LA VIDA

El problema del origen del primer ser viviente ha sido abordado mediante diversas teorías que pretenden explicar cómo en condiciones química y energéticamente favorables una "sopa" de monómeros, o incluso polímeros, pudieron estructurarse por el concurso de atractores naturales hasta alcanzar la ignición funcional más básica posible de un ser viviente.

La pregunta entonces es ¿Cómo pudieron ensamblarse distintos componentes prebióticos por el concurso del tiempo y el azar para alcanzar una CMF que los faculte a convertirse en el primer ser viviente? ¿Existen atractores físico-químicos que puedan hacer esto posible?

Existe por supuesto una gran esperanza en que esto es posible por parte de la mayoría de los investigadores del origen de la vida. Pero, sin embargo, en su entusiasmo están pasando por alto ciertos principios clave que son quizá, tan simples y evidentes, que las complejas y prejuiciadas mentes de muchos investigadores no son capaces de considerar.

El popular dilema "Que es primero ¿el huevo o la gallina?" nos lleva a un bucle sin fin, la gallina ciertamente procede de un huevo empollado por otra gallina que a su vez fue fecundada por un gallo y empolla otro huevo del que saldrá otra gallina. Como se observa el dilema no puede ser resuelto en base a sus elementos, si este bucle no es roto en algún punto. Pero esto no es un mero entretenimiento. El dilema lleva implícito un principio clave de la biología; **la vida procede de la vida.**

Ciertamente no vemos gallinas aparecer de la nada para empollar huevos ni tampoco huevos que surgen del barro por mecanismos de autoorganización de la materia y terminan alumbrando gallinas. **Existe, en todo mecanismo de reproducción en el mundo biológico, una etapa de gestación en la cual, sea un organismo multicelular o unicelular, el organismo reproductor prepara internamente al organismo reproducido hasta llegar a una CMF que le faculte una independencia del reproductor.** Esta puede ser corta, como sucede en la reproducción por división celular de las bacterias, o larga y asistida temporalmente, como en el caso de la gallina y el resto de los pluricelulares, hasta que pueda vivir por cuenta propia.

Las teorías referentes al origen de la vida violan este principio al suponer que un ser viviente funcional con capacidad reproductora puede surgir **sin gestación biológica** mediante la integración afortunada de macromoléculas prebióticas.

Puede decirse que el origen de la vida marca un cambio de fase en el cual se distinguen 2 procesos diferentes de evolución con mecanismos también diferentes: La evolución molecular y la evolución biológica. Entiéndase evolución como el proceso de integración que consigue la aparición de estructuras funcionales con mayor complejidad.

En el primero, los componentes, subfuncionales en relación al ser viviente, deben conectarse debidamente para llegar a la CMF que permita la ignición funcional de este primer ser vivo. ¿Cómo sucedió este proceso? Muchos científicos trabajan en la dilucidación de esta abiogénesis. Algunos, ante la dificultad de hallar un proceso viable de aparición de vida y teniendo en cuenta que las condiciones primitivas no han sido tan auspiciosas, formulan la hipótesis de que la vida pudo llegar al planeta procedente de otro lugar del cosmos a través de un meteorito o trozo de cometa. La Panspermia, como se conoce a esta teoría, lleva el problema al patio del vecino, pero no lo resuelve.

El reto, por tanto, consiste en explicar convincentemente que en un ambiente adecuado, con las dosis de energía, materiales, y tiempo, mucho tiempo, el azar produzca el milagro sumamente improbable, que acontezca un casual ensamblaje de polímeros con una estructura funcional del nivel de complejidad de la vida.

Sin embargo el más sencillo ser viviente es terriblemente más complejo que el más complicado polímero. Una célula no es una simple agregación de polímeros, es una integración altamente especializada de moléculas con la composición y forma precisas para alcanzar una CMF que le permita funcionar, y ello significa que pueda metabolizar y auto replicarse.

Existe por tanto una complejidad mínima funcional asociada al más simple de los seres vivientes que denota el punto a partir del cual surge la ignición funcional que permitirá al ser empezar a vivir. **Por debajo del punto de ignición no hay vida.**

Recordemos que una proteína, que es el elemento más básico de la estructura celular, tiene una complejidad de 10^{130} El ARN del virus del mosaico del tabaco, el más sencillo que existe, contiene 6000 nucleótidos, lo cual, considerando las combinaciones posibles con las 4 bases, resulta en una complejidad de 4^{6000} □ 10^{3612}. Recordemos que en una conexión de estructuras la complejidad resultante es el producto de las complejidades de los componentes. Por lo cual si se hiciera un diligente estudio de la complejidad celular, para el más simple espécimen del mundo biológico la complejidad resultante es un número absolutamente asombroso y por tanto la probabilidad de su existencia por azar resulta una imposibilidad matemática. (14)

Se puede objetar a esto, que tienen que existir organismos prebióticos más simples, con CMFs menos exigentes y por lo tanto escalones más pequeños. Pero si es así, hay que probar que funcionan por sí solos sin la ayuda del laboratorista. No obstante, reducir la escala, aunque fuere posible, no soluciona el problema porque seguiremos teniendo un escalón más pequeño, pero al fin y al cabo escarpado.

LA EVOLUCION DE LAS ESPECIES

Supongamos que de algún modo el origen de la vida haya sido resuelto y nos quedara por lo tanto evaluar la acción de la selección natural como motor de la evolución biológica hacia una mayor complejidad orgánica. Esto significa que con el correr del tiempo un ser haya desarrollado no solo nuevos órganos sino también sus contextos correspondientes con el conjunto.

La selección natural consiste esencialmente en dos cosas:

1. Imperfección en la duplicación.

2. Mecanismo de selección mediante la fijación del genotipo funcionalmente ventajoso. Supervivencia del más apto.

En la ciencia hay hechos qué pueden ser reconocidos como muy improbables, no obstante, ello no significa que los mismos sean imposibles. No hay pues porque confundir términos que en definitiva son totalmente distintos.

Está reconocido que el proceso evolutivo, sea material o biológico, requiere de largos lapsos de tiempo para que fenómenos altamente improbables puedan tener lugar y por tanto la evolución se haga posible. La pregunta a formular aquí es:

¿La evolución como medio para la formación de nueva complejidad orgánica es posible, aunque improbable, o definitivamente es imposible?

Analicemos con mayor detenimiento en que consiste un proceso evolutivo de carácter biológico. En principio se requiere de imperfecciones en la reproducción de tal modo que nuevas características biológicas ventajosas sean fijadas por el proceso de selección natural. El motor de las mismas lo constituyen las mutaciones en menor medida y mayormente mediante el barajamiento de la variabilidad genética ya presente mediante la reproducción sexual.

El proceso evolutivo impulsado por estas necesita sobrepasar 3 obstáculos:

1. No causar trastornos negativos en la estructura afectada.
2. Permanecer inútil en espera de nuevas asimilaciones que completen un contexto funcional útil.
3. Adaptar al resto del conjunto estructural del ser viviente para que el nuevo órgano encaje con precisión con el resto a fin de alcanzar la coherencia de contexto necesaria.

Al efecto de estos obstáculos los reconoceremos como el **Problema de la Fijación Subfuncional**.

A mayor complejidad de la estructura destino la intensidad de los efectos es exponencialmente mayor. Además, la asimilación de un órgano funcional útil en un ser viviente implicaría que añadidos mutantes no funcionales, pero pertenecientes al contexto del órgano funcional final, sean asimilados y retenidos en espera de la completitud.

Veamos esto con un ejemplo. Imaginemos que deseamos comprar un televisor. Para ello nos dirigimos una tienda de electrodomésticos a fin de buscar uno. Cuando llegamos encontramos un extraño mostrador donde por alguna razón han colocado 20 televisores en distintos estados de fabricación. Hay alguno en el cual sólo está la carcasa, a otro le falta el circuito sintonizador, a otro le falta la pantalla y así, existirán muchos otros a los cuales les faltarán distintas piezas incluso sólo una. Y finalmente, al final del mostrador, encontraremos a un sólo televisor que sí está completo y está además funcionando en perfectas condiciones.

Cabe ahora preguntar: ¿Cuál de ellos compraremos?

Sin lugar a dudas compraremos el que está completo. Los demás no nos sirven en absoluto y, por lo tanto, los ignoraremos.

La selección natural no puede, en consecuencia, fijar agregados funcionales incompletos que no sirven y menos aún podemos esperar que reúnan ciegamente el largo camino de cambios, adaptaciones y asimilaciones que implican la gran complejidad de los órganos más sencillos.

La pregunta que surge por necesidad es:

¿Cómo pueden permanecer latentes y asimilados los agregados estructurales no funcionales, y por tanto, no útiles, si no representan ninguna ventaja funcional a la estructura base que los lleve a ser sujetos de selección natural? ¿Qué suerte de milagro o sortilegio conseguirá que este proceso inviable tenga lugar?

Ninguno, ya que no se trata de algo tan solo improbable, sino de algo definitivamente imposible.

Este problema ya fue planteado en el pasado y se conoció como **el problema de la preadaptación**.

Sin embargo, dicha objeción fundamental al núcleo de la evolución no parece haber hecho ningún daño a la fe de sus sacerdotes y seguidores. Más bien ha sido rehuido y despreciado por gran parte del consenso científico del último siglo al punto de considerarlo irrelevante y, lo que es más sorprendente, ¡Superado! No obstante, pese a ello, sigue siendo la estocada final que echa por tierra la pretensión de que la selección natural sirva para explicar la complejidad orgánica.

Veamos como ha hecho defensa a este problema el evolucionismo en palabras de Javier Sampedro:

"Una de las objeciones antidarwinistas más clásicas es el llamado problema de la preadaptación. Aduce que una estructura compleja no ha podido evolucionar paso a paso por selección natural, puesto que la décima parte de esa estructura no sirve para nada y por lo tanto nunca hubiera llegado a prosperar. Si el primer paso (la preadaptación) no se impone en la población, el segundo paso nunca puede llegar a ocurrir. El problema de la preadaptación es un problema interesante y muy discutido por los evolucionistas teóricos, pero naufraga irremisiblemente en el caso del ojo: la décima o incluso la centésima parte de un ojo sí sirve para algo, y se pueden reconstruir y documentar rutas graduales más que admisibles para la generación histórica de estos asombrosos dispositivos biológicos".(2)

Como vemos en este razonamiento, la salida para este gran problema consiste en alegar que los pasos intermedios son ya funcionales y por lo tanto fijables por la selección natural. ¿Es esto cierto?

Aquí Sampedro nos dice que el argumento falla en el caso del ojo, lo que no sólo es discutible, sino falaz según veremos, ¿Qué podemos decir de los demás órganos de la especie humana y de otras especies de animales y plantas? ¿También tienen rutas funcionales graduales? ¿Con especular sobre el gradualismo del ojo u otro órgano debemos quedarnos tranquilos y considerar que el problema está resuelto?

Analicemos esta solución al problema de la preadaptación. Este se basa **en encontrar un gradualismo funcional de tal resolución que permita fijaciones funcionales por obra de la selección natural.** Es esta esperanza la que sustenta la fe evolucionista. Sin embargo, pese a la seguridad semántica con la cual se alude que el ojo podemos partirlo en pedacitos y aún así encontrar componentes funcionales, veremos porqué esto no es así.

Por muy simple que sea un sistema de visión tendrá que tener una CMF. Ejemplos de sistemas gradualmente más complejos en el mundo biológico tendrán otras CMFs respectivas cuyas complejidades matemáticas no varían entre sí con una progresión aritmética, sino más bien exponencial. No son simples peldañitos, son escarpadas cumbres las que los separan aunque sus funcionalidades y morfologías no lo evidencien en órganos de visión similares.

La capacidad fotosensible de la retina es un mecanismo muy complejo. Michel Behe en su libro "La caja negra de Darwin" nos proporciona una descripción de la engorrosa complejidad de dicho proceso:

"Cuando la luz llega a la retina, un fotón interactúa con una molécula llamada 11-cis-retinal, que en un picosegundo se reconfigura para ser transretinal. (Un picosegundo es el tiempo que la luz tarda en viajar a lo largo de un cabello humano)

El cambio de forma de la molécula retinal impone un cambio a la forma de la proteína, la rodopsina, a la cual el retinal está estrechamente enlazado. La metamorfosis de la proteína altera su conducta. Ahora llamada metarrodopsina II, la proteína se adhiere a otra proteína llamada transducina. Antes de chocar con la metarrodopsina II, la transducina se había enlazado con una pequeña molécula llamada GDP. Pero cuando la transducina interactúa con la metarrodopsina II, el GDP se desprende y una molécula llamada GTP se enlaza con la trasducina. (La GTP está muy emparentada con la GDP, pero exhibe diferencias críticas.)

La GTP-transducina-metarrodopsina II ahora se enlaza con una proteína llamada fosfodiesterasa, localozada en la membrana interna de la célula. Cuando se adhiere a la metarrodopsina II y su séquito, la fosfodiesterasa adquiere la capacidad química para "cortar" una molécula llamada cGMP (pariente químico de la GDP y la GTP). Inicialmente hay muchas moléculas de cGMP en la célula, pero la fosfodiesterasa rebaja su concentración, así como al sacar el tapón baja el nivel de agua de una bañera.

Otra proteína de la membrana que enlaza cGMP se llama canal iónico. Actúa como un portal que regula la cantidad de iones de sodio de la célula. Normalmente el canal iónico permite que los iones de sodio entren en la célula, mientras que otra proteína los extrae mediante bombeo. La acción dual del canal iónico y la bomba regula el nivel de iones de sodio de la célula. Cuando la cantidad de cGMP se reduce por la división efectuada por la fosfodiesterasa, el canal iónico se cierra, causando la reducción de la concentración celular de iones de sodio de carga positiva. Esto provoca un desequilibrio de carga en la membrana celular, lo cual al fin genera una corriente que se transmite del nervio óptico al cerebro. El resultado, cuando es interpretado por el cerebro, es la visión.

Si las reacciones citadas fueranlas únicas que operasen en la célula, la provisión de 11-cis-retinal, cGMP e iones de sodio pronto se agotaría. Algo tiene que desactivar las proteínas que se activaron y devolver a la célula a su estado original. Varios mecanismos se encargan de ello. Primero, en la oscuridad del canal iónico (además de los iones de sodio) también deja entrar iones de calcio en la célula. El calcio es bombeado hacia fuera por otra proteína, de modo que se mantiene una concentración constante de calcio. Cuando decaen los niveles de cGMP, cerrando el canal iónico, la concentración de iones de calcio también decae. La enzima fosfodiesterasa, que destruye el cGMP, pierde velocidad con la menor concentración de calcio. Segundo, una proteína llamada guanilato-ciclasa comienza a resintetizar el cGMP cuando descienden los niveles de calcio. Tercero, mientras sucede todo esto, la metarrodopsina II es químicamente modificada por una enzima llamada rodopsina-quinasa. La rodopsina modificada se enlaza con una proteína conocida como arrestina, que impide que la rodopsina active más transducina. Así la célula contiene mecanismos que limitan la señal amplificada iniciada por un fotón.

El trans-retinal se queda finalmente sin rodopsina y debe ser reconvertido a 11-cis-retinal y de nuevo enlazado con la rodopsina para regresar al punto de partida, para otro ciclo visual. Para ellos, una enzima modifica químicamente el trans-retinal, convirtiéndolo en trans-retinol, una forma que contiene dos átomos de hidrógeno más. Una segunda enzima luego convierte la molécula a 11-cis-retinol. Por último, una tercera enzima extrae los átomos de hidrógeno previamente añadidos para formar 11-cis-retinal, y así se completa un ciclo". (Páginas 34 a 41, referencia 7)

¿Es esto sencillo?

Definitivamente no. Además, el proceso mostrado constituye sólo uno de los componentes del sistema de visión. Dicho sistema no está localizado sólo en el globo ocular, también forman parte de él el nervio óptico y el cortex visual en el cerebro. Al punto que los mismos deben ser funcionalmente coherentes entre sí para que los impulsos eléctricos transmitidos por el nervio óptico desde el globo ocular puedan ser procesados e interpretados por el cerebro. Aunque dividamos su funcionamiento en módulos funcionales más pequeños cada uno tendrá un CMF particular, algo que Michel Behe llama **complejidad irreductible**.

Para ilustrar dicha complejidad irreductible uso el desafortunado ejemplo de la ratonera. En dicho ejemplo muestra que no hay forma más simple para generarla ya que, si a su CMF le quitamos un solo componente, ya no habrá ninguna capacidad para cazar un ratón. A este ejemplo y al concepto que ilustra, se le ha refutado mediante el mismo argumento del gradualismo funcional antes mencionado, según el cual, si bien es verdad que los componentes por si solos no pueden funcionar como una ratonera, si son funcionales para otros propósitos, es decir, tienen funcionalidad singular y, por lo tanto, sí podrían ser fijados por la selección natural.

Se dice que la palanquita de la ratonera puede funcionar como clip, el resorte sirve como muelle para cualquier otro uso y así con el resto de los componentes.

Dada esta circunstancia, por extrapolación, también organismos más complejos tendrían componentes funcionales fijables por la selección natural. Entonces el argumento de la complejidad irreductible como obstáculo para la evolución sería rebatido y todos quedaríamos felices.

Sin embargo, las matemáticas nos mostrarán por qué es desafortunado el ejemplo de la ratonera y si es verdad que dicha refutación realmente funciona.

En el capítulo 5 definimos un concepto llamado **multicontextualidad.** Este concepto nos habla de la capacidad de un componente para conectarse a otros contextos o estructuras. Además vimos que dicha multicontextualidad es inversamente proporcional a la complejidad del componente. Esto significa que, a más simple es el mismo, más posibilidad tiene de ser útil (funcionalidad singular) y de conectarse a otras estructuras funcionales (lo que sucede con la ratonera). En caso contrario, a más compleja, tendrá menos capacidad para ser útil a otros contextos y quizás lo sea tan sólo de uno (funcionalidad contextual).

Analicemos ahora la refutación a la ratonera. Dije anteriormente que el ejemplo era desafortunado porque para este caso, siendo una estructura funcional bastante simple, con componentes también bastante simples. La refutación si funciona para este caso por causa de la gran multicontextualidad de los sencillos componentes de la ratonera. Es verdad que pueden servir para varios usos y ser funcionales sin formar el contexto "ratonera". Sin embargo, si partimos hacia ejemplos de mecanismos más complejos dicha refutación se desinfla totalmente. Para mayores complejidades desciende la multicontextualidad y por ende la capacidad de tener **funcionalidad independiente**. Esto nos desbarata el gradualismo para los casos mucho más complejos del mundo biológico. Incluso los polímeros funcionales más básicos son extraordinariamente más complejos y especializados que los componentes de la ratonera e incluso la propia ratonera.

Los detractores de Behe se han cebado con su ejemplo de la ratonera, pero, sin embargo, no he encontrado hasta ahora ninguna refutación completa y convincente que apele al gradualismo funcional para sus complejos ejemplos sobre el proceso de la coagulación de la sangre, ni sobre la formación de las asombrosas y complejas estructuras de los cilios y los flagelos. Eso sí, he leído en varios libros que estos procesos también están resueltos con hipótesis de rutas funcionales progresivas, pero curiosamente no suelen citar ni quién las ha resuelto ni en qué libro o artículo se presentan. Por ejemplo, al respecto de la coagulación de la sangre, Francis S. Collins, en su libro "Cómo habla Dios", afirma que su evolución está resuelta a partir de un sencillo sistema hemodinámico de baja presión y bajo flujo. Pero más adelante afirma:

"Ciertamente, no podemos delinear con precisión el orden de los pasos que eventualmente llevaron a la cascada de la coagulación humana; posiblemente nunca logremos hacerlo, porque los organismos anfitriones de muchas cascadas precursoras se han perdido en la historia". (19)

¿En qué quedamos? ¿Lo han resuelto o no?. Con frecuencia se defiende el evolucionismo apelando a excepciones felices o a algún paso encontrado. No importa que muchos otros permanezcan en el misterio o queden demasiados huecos, sí hay una excepción o peldaño posible esto es suficiente para quedarse tranquilos. Nunca basta el argumento por muy rotundo, claro y contundente que este pueda ser, si se puede encontrar una pretendida excepción entonces podrá refutarse.

El proceso de la fotosensibilidad de retina visto anteriormente e invocado como una de esas excepciones felices, nos ilustra también un caso abrumadoramente más complejo que la sencilla ratonera y en él no podemos decir que todos sus componentes tengan funcionalidad multicontextual. Más bien, muchas de las proteínas implicadas son altamente especializadas, teniendo funcionalidad monocontextual y esto implica que sólo sirven para este proceso en concreto y no para ningún otro.

Por lo tanto, no podemos decir que surgieron porque ya eran útiles en otro proceso y luego se asimilaron para funcionar en este complicado proceso particular.

¿Pero, no existen acaso también genes y proteínas así como otros actores moleculares multipropósito como los genes pleiotrópicos o proteínas pertenecientes a más de una máquina multiproteíca?

Si, ciertamente existen en toda célula componentes tanto monocontextuales como multicontextuales. ¿Entonces por qué no es posible el gradualismo? Porque no todos los componentes son multicontextuales, y de acuerdo a sus elevadas complejidades, la esperanza matemática de que su gran mayoría sea monocontextual es abrumadora.

Es por causa del principio de multicontextualidad que, cuando vamos a una tienda de repuestos de automóvil, el dependiente nos pregunte la marca, año y el modelo del vehículo para identificar el repuesto. Dicho repuesto, en virtud de su mayor complejidad, no se conectará a cualquier motor sino que tiene una coherencia funcional especifica a otro componente con el cual se conectará al conjunto que ya tiene una coherencia potencial reciproca (el motor de modelo y marca definidos) y no sirve cualquier cosa. Pero si lo que se necesita es un tornillo o un cable, será más fácil hallar la forma de adaptarlo o conectarlo con facilidad por efecto de su menor complejidad, es decir, simplicidad. En este ejemplo vemos que si bien el motor también tiene componentes simples multicontextuales ello no significa que por efecto tengamos que concluir que el motor presente un gradualismo funcional que le faculte la posibilidad de haber surgido por un proceso de auto-organización de la materia.

Lo mismo sucede con los componentes biológicos. Ellos no son más simples que los alcanzados por nuestra actual tecnología. Son sumamente complejos, y no se puede apelar a felices gradualismos, despreciando su complejidad para pretender su fijación evolutiva.

El problema de la fijación subfuncional, preadaptación o del alcance de la complejidad irreductible, según se lo quiera denominar, no es un problema para el disfrute, en cálidas tertulias con té y galletitas, por parte de los evolucionistas teóricos. Más bien, aunque no se quiera admitir, es un problema que echa por tierra el núcleo principal de pensamiento evolutivo y en consecuencia de la propia teoría de la evolución, es decir, la capacidad de la selección natural de producir complejidad orgánica.

Sólo cabe explicar la supervivencia del evolucionismo pese a esta demoledora objeción, simplemente al hecho de que los evolucionistas prefieren mirar a otra parte y no enfrentar las consecuencias de esta dificultad tal como lo han hecho, a lo largo de los últimos 150 años, con otras dificultades sumamente serias. Están atados al prejuicio tácito de que no pudo ser de otra manera y, claro está, con esta fe, no se admiten objeciones de ninguna naturaleza.

Ahora bien ¿Si la selección natural no puede explicar la formación de órganos complejos? ¿Qué es lo que realmente puede hacer?

Lo responderemos en los capítulos siguientes.

Capitulo 7

ECUACIONES DE FUNCIONALIDAD

En el capítulo 4 cuando se trató la funcionalidad se estableció que esta se basa en el cálculo del rendimiento de un componente estructural, y la misma, como recordaremos, es el cociente del funcionamiento real entre el funcionamiento ideal o esperado de acuerdo a la siguiente expresión:

Rendimiento: $\square = \dfrac{\textit{Funcionamiento real}}{\textit{Funcionamiento ideal}}$

Vimos también que un funcionamiento optimo se cumple cuando el funcionamiento real es igual al funcionamiento ideal, siendo en este caso $\square = 1$. Cuando esta igualdad no se cumpla el rendimiento se expresará con un valor inferior o superior a 1, o si usamos porcentajes en valores inferiores a superiores al 100%.

Dado que el rendimiento es pues una medida adimensional y directa de la funcionalidad de un componente, podemos establecer también cómo la estructura funcional resultante de la asociación de varios componentes tendrá una funcionalidad que estará en función, no solo de la funcionalidad particular de cada uno de sus componentes, sino también de acuerdo a la topología de sus asociaciones reciprocas.

Si antes vimos cómo un funcionamiento estructural es afectado por el comportamiento de un componente en particular por medio de su función de dependencia, ahora cabe analizar cómo la asociación funcional de los componentes puede afectar a dicho conjunto estructural.

Para poder determinar cómo funciona esto, que es mucho más sencillo que lo que parece por lo definido, puede bastar un simple gráfico o una ecuación que determine esta topología. Pero antes es necesario definir los 3 tipos de asociación básica de componentes que pueden formarse para una estructura funcional:

1. Asociación aditiva.
2. Asociación productiva.
3. Asociación hibrida.

Estas asociaciones de funcionalidad obedecen a los mismos principios que gobiernan las complejidades de las correspondientes reuniones y conexiones de componentes. Es decir, al igual que en una reunión de estructuras las complejidades se suman aquí los rendimientos también se sumaran, y al igual que cuando se conectan estructuras sus complejidades se multiplican del mismo modo los rendimientos respectivos también lo harán.

Para ilustrar con claridad en qué consisten una asociación aditiva usaremos un sencillo ejemplo. Imaginemos un conjunto de tensores usados para soportar el peso de una carga que están asociados aditivamente tal como se muestra en la figura siguiente:

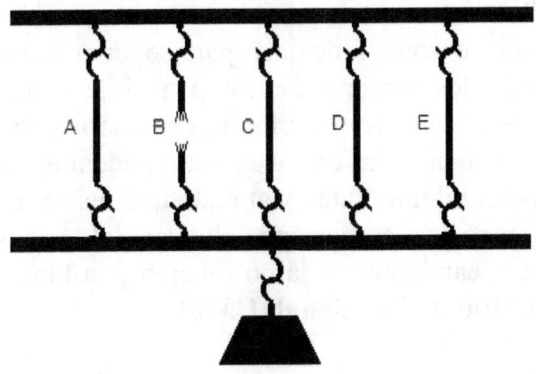

El la misma se observa a 5 tensores reunidos por una viga inferior a fin de asociarlas aditivamente para soportar una carga. Esto significa que dichos tensores se repartirán el peso de la carga sumando sus esfuerzos al conjunto. Para lograrlo sin romperse, cada tensor deberá tener una capacidad de carga superior a un quinto del peso de la carga. Sin embargo, dichas capacidades no necesariamente podrían ser iguales para cada uno de ellos ya que unos podrían soportar más carga que otros, pero si deberá cumplirse que los 5 tensores deberán poder soportar como mínimo una carga igual a 1/5 de la conectada a la viga. Si una de ellas, tal como el tensor B de la figura, tuviera una capacidad inferior a un quinto entonces se romperá y dejará el trabajo de soportar la carga a los 4 tensores restantes. Si cada uno de estos supera a su vez una carga igual o mayor a 1/4 del peso soportado entonces no habrán problemas, pero si ello no es así se llagará a un punto d crisis donde sistemáticamente se romperán los tensores dejando caer el peso conectado a la viga.

Por lo visto tenemos dos estados posibles. En el primero los tensores funcionan para soportar la carga y en el segundo los tensores se rompen si la suma de sus capacidades resulta ser inferior a la necesaria para cumplir el fin funcional. En este caso no podemos hablar de complejidad mínima funcional dado que tienen asociación aditiva, pero si corresponde llamar, al punto donde acontece el cambio entre la no función y la función como **Umbral Mínimo Funcional (UMF).**

Para el presente caso la ecuación de funcionalidad consistirá para el conjunto T de tensores según la expresión siguiente:

$$\square_T = \square_A + \square_B + \square_C + \square_E + \square_D$$

Generalizando para los casos de reuniones de componentes (asociación aditiva) se tendrá:

$$\square_T = \sum_{i=1}^{n} \square_i$$

Recordemos que los rendimientos o funcionalidad de cada uno de los tensores no deben ser necesariamente iguales, pero si deben cumplir que su sumatoria proporcione un valor igual o superior a 1 ($\square_T >= 1$), es decir, deberá ser superior o igual al rendimiento funcional esperado. Si fuese inferior y por ello desciende por debajo del UMF se producirá un cambio de fase funcional hacia el colapso abortándose la función.

Para mayor claridad presentemos un caso con valores al ejemplo de los tensores asociados aditivamente.

Supongamos que la pesa a soportar es de unos 100Kg lo que constituye el requerimiento funcional y, por lo tanto, es el UMF. De este modo los 5 tensores deberán repartirse a partes iguales dicha carga, es decir, cada uno deberá soportar 20Kg. Ahora bien, supongamos que las capacidades de carga para estos tensores son los siguientes:

$$T_A = T_C = T_D = T_E = 25Kg \text{ y } T_B = 20Kg$$

Como se observa el tensor B tiene una capacidad inferior y por lo tanto, si la carga a soportar aumentara, será la primera en colapsar. De acuerdo a estos datos el rendimiento general ($\square_T$) y los particulares son los siguientes:

$$\square_T = 25+20+25+25+25 / 100 = 1.2$$

También se puede calcular promediando las 5 funcionalidades implicadas:

$$\square_T = (\square_A + \square_B + \square_C + \square_D + \square_E)/5$$

$$\square_T = (1.25+1+1.25+1.25+1.25)/5 = 6/5 = 1.2$$

Como tenemos a un $\square_T >= 1$ no hay problema, pero si sucediera que $\square_T <1$ se nos cae la pesa al suelo.

Ahora supongamos que un inoportuno y gordo pajarito con un peso de unos 100 gramos decide posarse en la pesa para dedicarse a silbar alegremente. Estos 100 gramos adicionales de peso cambiarán la situación críticamente por causa de tener un tensor que solo soporta 20 kilos.

En estas circunstancias el tensor B tendrá un rendimiento inferior a 1 ($\square_B = 20/20.02 = 0.999$) por lo que el mismo se romperá. Ahora, si el tirón que producirá el cambio en la asociación funcional no espanta al pajarito, la cascada de acontecimientos ya se habrá iniciado y ahora los 4 tensores restantes deberán soportar 25.025Kg superando así el UMF tanto particular a cada tensor como también para el conjunto y la pesa, a excepción del pajarito que puede volar, caerá al suelo.

Para evitar estos desastres, que en el caso de edificios, pueden ocasionar pérdidas de vidas humanas, se hace necesario establecer holgados márgenes de seguridad asegurando que los rendimientos sean superiores a los requeridos en el diseño básico.

Ahora veamos el segundo tipo de asociación. Esta ocurre cuando los componentes están conectados entre sí y existe una funcionalidad transitiva, es decir, la inactivación de uno abortará la función de la totalidad. Para ilustrarlo coloquemos los tensores no en asociación aditiva mediante una viga, sino uno colgado de otro de tal modo que formen una cadena de tensores capaz de soportar el peso. En este caso si un tensor se rompiera como se observa en el caso 2 de la figura siguiente la función de la totalidad colapsará también y ello debido a que la ecuación de funcionalidad describe una asociación productiva donde si uno tiene rendimiento cero el conjunto también lo tendrá:

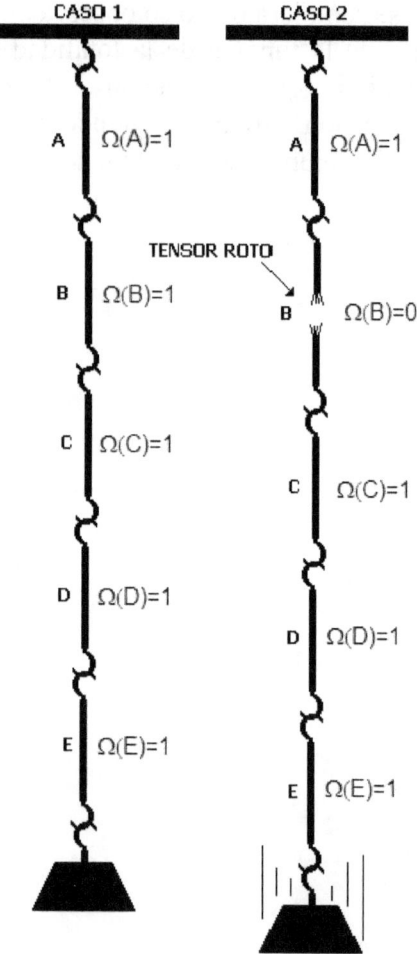

$$\Omega(\text{Caso 1}) = \Omega(A).\Omega(B).\Omega(C).\Omega(D).\Omega(E) = 1.1.1.1.1 = 1$$

$$\Omega(\text{Caso 2}) = \Omega(A).\Omega(B).\Omega(C).\Omega(D).\Omega(E) = 1.0.1.1.1 = 0$$

Por simplificación se han idealizado los valores de los rendimientos a 1, pero es suficiente para notar cuál es la sensibilidad de este tipo de asociación al colapso de uno de los componentes, mientras que en la asociación aditiva el colapso de un componente no compromete la función del conjunto mientras los restantes componentes superen en conjunto el rendimiento límite, es decir, superen el UMF no habrá colapso, pero en una asociación productiva bastará que colapse un solo componente para colapsar todo el conjunto.

Ahora nos queda invocar el tercer caso que acontece cuando la asociación funcional es híbrida, es decir, resulta en una combinación de las asociaciones aditiva y productiva para un fin funcional particular. Para ilustrarlo consideremos el siguiente sistema de tensores:

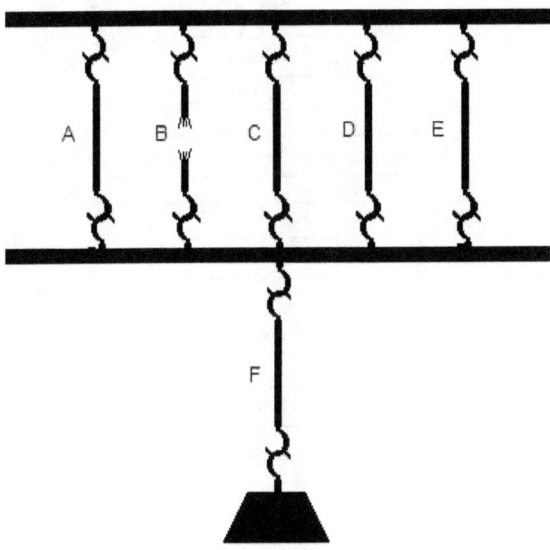

Evidentemente en este caso el tensor F así como los tensores A,C,D y E en conjunto deben tener una capacidad superior al peso soportado o colapsaran, pero al margen de las consideración físicas tendrán la siguiente ecuación funcional:

$$\square_T = (\square_A + \square_B + \square_C + \square_D + \square_E).\square_F$$

Los ejemplos de tensores aquí mostrados son sumamente burdos para explicar estos tipos de asociaciones dado que existen multitud de casos donde los componentes son de distinta complejidad y naturaleza a diferencia de estos sencillos casos. Por ello presentaremos como ejemplo la ecuación de funcionalidad de una radio de amplitud modulada. El mismo tendrá el siguiente esquema:

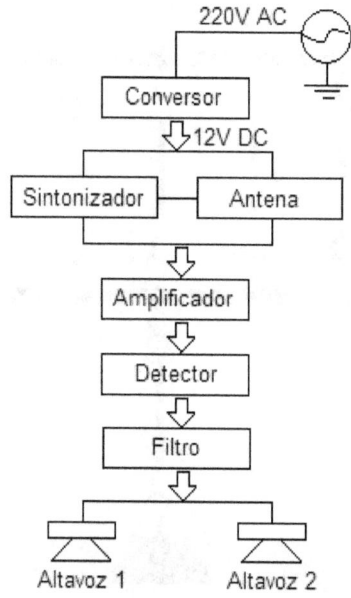

Como se observa es una estructura hibrida con la ecuación de funcionalidad siguiente:

$$\square_T = \square_C.(\square_S+\square_A).\square_{AM}.\square_D.\square_F.(\square_{A1}+\square_{A2})$$

En este caso no tenemos simples tensores. Más bien tenemos un conjunto de módulos cada uno de los cuales presenta un esquema estructural con su propia ecuación de funcionalidad que para estos efectos no nos interesa, pero que nos bastarán para conocer cómo funciona una radio de amplitud modulada.

Lo primero que tenemos que hacer es convertir los 220V de corriente alterna de un tomacorriente en 12V continuos y para ello contamos con el componente llamado conversor aunque comúnmente se lo conoce como fuente de alimentación. Si por algún motivo nuestro conversor no funcionase, es decir, $\square_C = 0$ entonces nuestra radio no funcionará.

Luego nos encontramos con un grupo asociado aditivamente de un sintonizador y una antena. Como las emisoras de radio AM utilizan la amplitud de una onda portadora a una frecuencia específica convenida, el sintonizador debe poder seleccionar la frecuencia de una emisora concreta de radio entre un espectro más amplio de las mismas. Para ello el sintonizador debe resonar con la frecuencia elegida y para que esto suceda el sintonizador contiene un condensador variable que al cambiarse su capacitancia mediante una perilla resonará para una u otra frecuencia según se gire la misma. Para entender cómo funciona la resonancia sin argumentos físicos imaginemos a alguien que va a un velatorio y se pone a contar chistes. Lo más probable es que lo echen del lugar dado que la gente no está para risas. No pueden "resonar" con un espíritu alegre porque sus tristes circunstancias no están sintonizadas con la alegría, pero si va a una fiesta y cuenta chistes si lo celebrará la gente porque ellos sí están en sintonía con la alegría. En este caso se ha "sintonizado la estación correcta" para la frecuencia "chistes".

Para poder captar la onda portadora el sintonizador requiere la asistencia de una antena, pero no de modo productivo, sino aditivo ¿Por qué?. La razón de ello es que, aunque deben cumplir una UMF, no abortaran para todos los casos la función de la radio si uno de ellos deja de funcionar. Por ejemplo, si el sintonizador no funcionase, pero si la antena, una emisora de las cercanías puede imponer, en virtud a su potencia, que su señal pase a los módulos siguientes pese a que no esté sintonizada a la frecuencia de dicha emisora (esto es como si en una alegre fiesta empezaran a escuchar ruido de balas, explosiones y gritos. Siendo así lo más probable es que dejen su alegría y sientan alarma dado que la potencia de las circunstancias del entorno se imponen a las de la fiesta). En caso contrario el sintonizador puede estar bien, pero la antena estar inoperativa, aún así algunas emisoras cercanas y por ello con señal potente podrán captarse, aunque débilmente cuando sean estas sintonizadas.

Luego el modulo amplificador amplificará la señal a fin de trabajar a una potencia cómoda para el uso de altavoces (con las antiguas radios de galena no se necesitaba amplificación ya que la potencia de la señal de radio era suficiente para escuchar mediante auriculares).

A continuación el modulo de detección simplemente cortará a la mitad la onda portadora que fue modulada por la emisora para que su amplitud se convierta en la onda de sonido. Si el detector no funcionara el filtrado tampoco funcionaría y lo que escucharíamos sería un sonido irreconocible.

Si el detector hace su trabajo, ahora el filtro unirá los picos de la onda portadora cortada a fin de hacer algo casi idéntico a la onda de sonido que modulo la emisora de radio salvo imperfecciones pequeñas. Si esta etapa no funcionase sería posible escuchar el sonido pero con una calidad terrible.

Ya en este punto la señal estará lista para alimentar los altavoces y producir el sonido. Pero si un altavoz dejara de funcionar el otro podrá hacerlo sin problemas en virtud a su asociación aditiva cuya redundancia es una propiedad característica de dicho tipo de asociación.

De modo intuitivo tanto los ingenieros como los técnicos tienen en mente a groso modo, o mediante la ayuda de planos, una idea de cuál es la ecuación de funcionalidad de la estructura funcional sujeta a su examen y, mediante dicho conocimiento, pueden analizar el flujo funcional a fin de hallar el punto donde este se interrumpe y con ello detectar el fallo.

En cierta ocasión, al parecer por un pico de tensión eléctrica, me dejo de funcionar un pequeño UPS que costaba unas 65,000 pesetas de la España de 1991. Procedí entonces a llevarlo donde un técnico el cual sin mirarlo demasiado formuló un dictamen qué, si bien no lo hizo con estas mismas palabras, sonaba parecido a esto:

"El turbo reactor de neutrinos debe haberse sobrecargado desfasando el intercambiador de flujo del desintegrador beta doble. Por ello hay que cambiar toda la placa del circuito oscilador neutrónico y esto supone un costo de reparación de unas 45,000 pesetas".

Ante semejante veredicto, y conociendo la picaresca de algunos técnicos, regresé a la oficina pensando que el problema consistía simplemente en que se había quemado el fusible. Y dicho y hecho, así era. Cambié el fusible que me costó 20 pesetas y el UPS volvió a funcionar.

Esta anécdota pone en relieve cómo un insignificante fusible, al estar asociado productivamente en la estructura funcional del UPS, interrumpe la funcionalidad de todo el conjunto cuando esta se funde por sobrecarga.

¿No suena esto a complejidad irreductible?

Pues sí. De hecho estos conceptos nos permiten establecer cuál es la razón que permite que la perdida funcional de un componente inactive o no al conjunto, además de indicarnos, de un modo distinto al indicado en el capítulo 7, cuando y por qué se constituye la Complejidad Mínima Funcional (CMF) también conocida como Complejidad Irreductible (CI).

De acuerdo a lo expuesto podemos concluir que **la complejidad irreductible es una propiedad de las**

estructuras funcionales que poseen componentes asociados productivamente y que el punto de "Ignición funcional" se encontrará en la frontera en la cual todos los componentes funcionales no redundantes estén presentes.

Entonces si se desactiva un componente asociado productivamente la función del conjunto se interrumpirá. Pero si se desactiva un componente asociado aditivamente no habrá interrupción salvo que el conjunto aditivo al que está asociado descienda por debajo del Umbral Mínimo Funcional.

Este fenómeno explica pues los ejemplos bioquímicos presentados para refutar la CI y en los que se dice que los mismos no tienen CI porque el retiro de un componente del mismo no inactiva la función del conjunto. Por lo expuesto sabremos que dicho componente presenta asociación aditiva ya que de ser productiva necesariamente abortará la función del conjunto no porque lo diga Behe, ni quien escribe, ni cualquier otro, sino por una objetiva e incuestionable razón matemática. Por lo tanto, en ningún caso el hecho de encontrar un componente no colapsable en un pretendido complejo irreductible refutarán en verdad la existencia de la CI en la misma mientras si existan componentes colapsables. Lo único que resaltará este hecho será la naturaleza hibrida del complejo más no que la CI no exista.

En conclusión, la CI nunca ha sido una falas argucia argumental para irritar a los gradualistas darwinianos, sino más bien un ineludible producto de la realidad física y matemática tal como se desprende en este análisis.

Capitulo 8

TOPOLOGIAS FUNCIONALES

En el capitulo anterior solo se vieron los 3 tipos principales de asociaciones, pero realmente pueden disponerse en muchas más formas. Para poder estudiar estas asociaciones es conveniente recurrir al auxilio de algunos conceptos de topología y teoría de grafos.

Los grafos nos permiten describir topologías, es decir, las disposiciones como están relacionados o vinculados un particular número de nodos también llamados vértices. Las líneas que enlazan estos vértices se llaman aristas.

Sin profundizar en la teoría de grafos nos bastará con usar solo algunos de sus conceptos a fin de aplicarlos a como ciertos componentes de una estructura pueden relacionarse funcionalmente y afectarse entre sí de acuerdo a sus relaciones de dependencia.

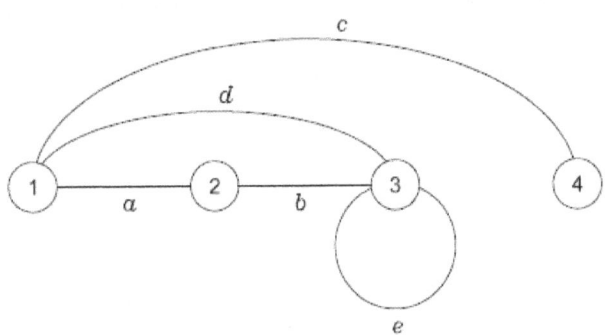

En la página anterior se observa un grafo tradicional donde tenemos 4 vértices {1,2,3,4} y 5 aristas {a,b,c,d,e}. Notemos en primer lugar que las aristas solo indican una conexión más no indican ninguna direccionalidad. El vértice 1 puede enlazarse con 3 vertices, el 2 con 2, el 3 con 2 y tiene además una arista hacia sí mismo. Por último el vértice 4 solo se enlaza con el vértice 1.

Cuando queremos aplicar grafos a la estructura de flujos funcionales no podemos aplicar toda la gama de características y comportamientos matemáticos de los grafos. Más bien necesitamos restringirlos a solo ciertas características especiales.

En primer lugar un flujo funcional es siempre direccional, es decir, la funcionalidad "viajará" desde nodos inferiores a nodos superiores de tal modo que, si el flujo funcional se interrumpiera en un nodo inferior, los superiores al mismo quedarán sin ser capaces de proveer función al conjunto. Para poder distinguir los grafos funcionales de los grafos estándar llamaremos a los vértices *nodos* y a las aristas *relaciones de dependencia*.

Sociedad productiva

SALIDA

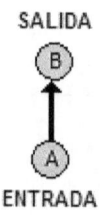

ENTRADA

$$\square_T = \square_A . \square_B$$

En la figura superior se muestran una estructura T con dos nodos y una relación de dependencia donde la función de B depende de la función de A en virtud de su asociación productiva mutua. Se observa que no existen flechas que ingresen a A o salgan de B dado que para este caso la estructura funcional consta tan solo de estos 2 nodos funcionales siendo entonces A la entrada y B la salida funcional.

El flujo funcional está reflejado en la dirección que tiene la relación de dependencia especificada por la flecha. Nótese por ello que A no depende de B. Si B no funcionase A no se vería comprometido, pero el colapso de A si comprometerá a B. Con todo el resultado funcional del conjunto T colapsará si cualquiera de los nodos o ambos colapsan funcionalmente tal como lo indica su ecuación de funcionalidad.

Sociedad aditiva

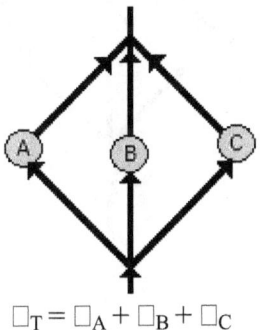

$$\square_T = \square_A + \square_B + \square_C$$

En la figura superior tenemos un bloque con asociación aditiva de 3 nodos, pero, como podemos observar, no existe ninguna relación de dependencia mutua entre los mismos de tal modo que, el colapso de cualquiera de ellos no compromete la función de los otros de ninguna manera.

No obstante, las asociaciones aditivas siempre disponen de un UMF de tal modo qué, para realizar su fin funcional, deberá cumplirse lo siguiente:

$$\square_A + \square_B + \square_C >= 1$$

Mientras supere holgadamente a 1 existirá redundancia, pero si la misma se iguala al umbral desaparece la redundancia y se encontrará entonces al borde de su colapso funcional.

Asociación productivo aditiva

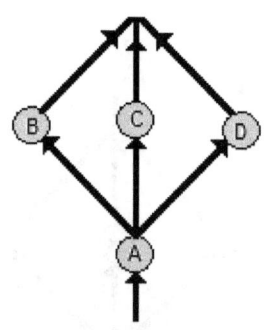

$$\square_T = \square_A . (\square_B + \square_C + \square_D)$$

En esta asociación los nodos B, C y D tienen dependencia funcional del nodo A de tal modo qué, si este colapsara, comprometerá a todos los nodos aditivos. Si en otro caso colapsara, por ejemplo D el resto de nodos no se verá comprometido mientras el conjunto no descienda por debajo del UMF.

Sociedad aditivo productiva

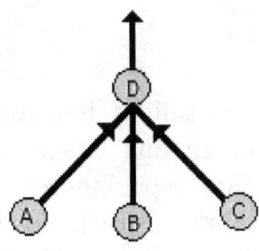

$$\Box_T = (\Box_A + \Box_B + \Box_C).\Box_D$$

En esta asociación aditivo productiva podemos analizar lo que pasaría en la parte superior de la anterior topología funcional. Aquí tenemos a D que depende funcionalmente del UMF compuesto por la sociedad aditiva de A, B y C. Esto significa que D puede colapsar si se cumple que:

$$\Box_A + \Box_B + \Box_C < 1$$

Ahora veamos algunas topologías más extrañas, pero que son tan reales y comunes como las anteriores. La primera de estas topologías extrañas sería lo que podríamos llamar asociación cruzada o con nodo común.

Asociación cruzada

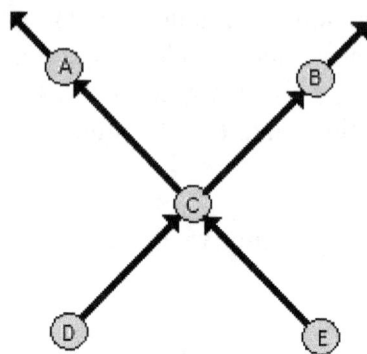

Nótese que las salidas funcionales en A y B no vuelven a converger en una única estructura funcional. Más bien divergen separándose y por lo tanto independizándose como estructuras independiente que comparten, no obstante un nodo común. Por esta circunstancia no puede determinarse una única ecuación de funcionalidad, sino más bien 2 siendo las siguientes:

$$\Box_{TA} = (\Box_D + \Box_E).\Box_C.\Box_A \quad y \quad \Box_{TB} = (\Box_D + \Box_E).\Box_C.\Box_B$$

Si colapsa C resulta obvio que comprometerán a los nodos A y B, pero si colapsa D, E se convertirá en un precursor productivo de C. Lo mismo pasará, pero a la inversa, si colapsa E haciendo de D un precursor productivo de C. En estos casos las nuevas ecuaciones serían:

$$\Box_{TA} = \Box_E.\Box_C.\Box_A \quad y \quad \Box_{TB} = \Box_D.\Box_C.\Box_B$$

Lo interesante de este tipo de asociación es la vulnerabilidad que confiere a ambas estructura de tal modo que el colapso del nodo o nodos comunes afecten a ambos en un efecto contrario a la seguridad que ofrece la redundancia.

Sociedad jerárquica ascendente

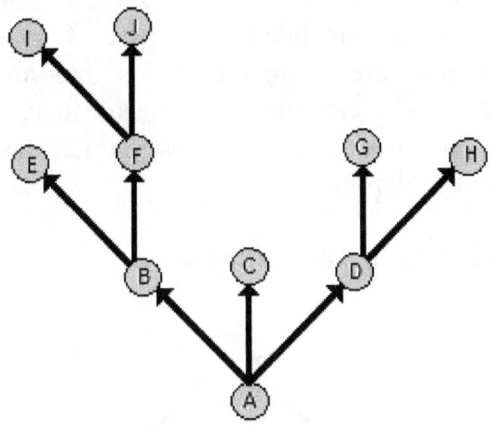

En este tipo de sociedad existen varias ramas que constituyen otras estructuras vinculadas por un nodo común y que en sucesivas generaciones o niveles ascendentes dependen a su vez de otros nodos ancestros también comunes llegando a un solo nodo en la raíz. Esto lleva la vulnerabilidad del resto de nodos con respecto a sus nodos ancestros a un nivel muy alto. Resulta obvio como el nodo raíz A que es ancestro de 6 ramas o estructuras diferentes:

$$\square_{T1} = \square_A . \square_B . \square_E$$
$$\square_{T2} = \square_A . \square_B . \square_F . \square_I$$
$$\square_{T3} = \square_A . \square_B . \square_F . \square_j$$
$$\square_{T4} = \square_A . \square_C$$
$$\square_{T5} = \square_A . \square_D . \square_G$$
$$\square_{T6} = \square_A . \square_D . \square_H$$

Resulta claro tanto por el gráfico como por las ecuaciones de funcionalidad que existen 4 niveles donde los nodos inferiores constituyen los ancestros de los superiores. Si, por ejemplo, B colapsara todos sus nodos descendientes colapsaran. Si A colapsa todas las ramas de esta jerarquía colapsaran.

Sociedad jerárquica descendente

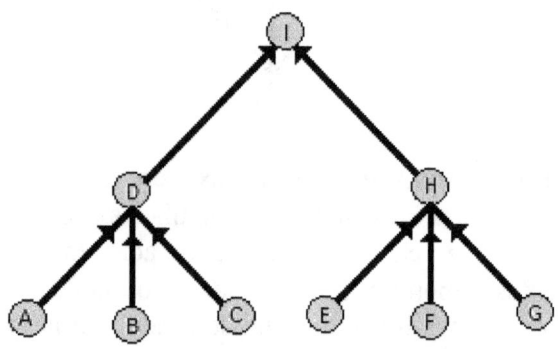

De manera similar a la anterior topología funcional en esta también hay niveles aunque en este caso admiten más bien ascendencias aditivas en lugar de productivas. Siendo este sistema más redundante y por ello más robusto al colapso. Este tipo de asociación permite que I pueda sobrevivir al colapso de uno de los nodos del primer nivel inferior y de varios de los nodos del segundo nivel inferior o ancestro. Para este caso existirá una sola ecuación de funcionalidad que será la siguiente:

$$\square_T = \square_I.(\square_D.(\square_A + \square_B + \square_C) + \square_H.(\square_E + \square_F + \square_G)$$

Asociación en malla

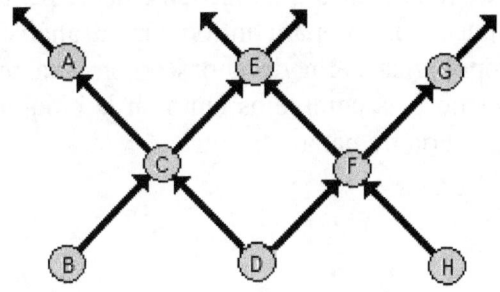

La imagen muestra un pequeño sector de una malla de nodos donde se ven tres niveles y relaciones funcionales cruzadas. En la parte superior se insinúan nuevas relaciones de dependencia hacia un nivel superior no reseñadas. No obstante, por simplificación asumiremos que la malla termina en el tercer nivel y, por lo tanto, {A,E,G} son salidas funcionales. Siendo esto así deberá haber 3 ecuaciones de funcionalidad correspondientes a estas 3 salidas distintas:

$$\square_{TA} = \square_C.(\square_B + \square_D)$$
$$\square_{TE} = \square_E.(\square_C.(\square_B + \square_D) + \square_F.(\square_D + \square_H)$$
$$\square_{TG} = \square_F.(\square_D + \square_H)$$

Nótese que en todos los casos D es un nodo que participa de modo aditivo de tal modo que, si este colapsara y su desaparición no comprometiera el UMF de los bloques aditivos en los que participa, puede no comprometer funcionalmente a cualquiera de las tres estructuras o incluso no comprometer a ninguna.

Lo visto hasta aquí no agota en absoluto todas las posibles topologías funcionales que pueden existir. No obstante, lo tratado puede bastar para introducir su análisis desde la óptica topológica a fin de abordar con esta metodología casos mucho más complejos tanto en la bioquímica como en la ingeniería humana.

Capitulo 9
POLIMORFISMO

La curva parabólica de un proyectil, la tobera de un cohete y el fenotipo de un ser viviente tendrán cada uno una particular forma, dicha forma depende de dos aspectos:

1. Las condiciones iniciales (para los procesos naturales) o los valores de sus parámetros (para los constructivos).
2. Los atractores o normas que los estructuren.

Cualquier cambio en condiciones o valores iniciales, o en los atractores o normas constructivas representará una forma diferente. En otras palabras estas estructuras serán polimorfas (de muchas formas) en función de estos dos aspectos qué, siendo de orígenes muy diferentes, pueden fácilmente confundirse como agentes causales del cambio de aspecto de una estructura.

Para alguien que tenga familiaridad con la informática, y en especial con la programación, no le será difícil reconocer con facilidad estos tipos de cambio. Para reconocer entonces como estos dos aspectos pueden producir polimorfismo consideremos el siguiente programa:

Entrada; Largo = 100
Entrada; Ancho = 35

Formula; Área = Largo * Ancho
Salida; Imprimir Área

El mismo revela con sencillez ambos aspectos. El primero se refiere a los **parámetros,** los cuales están representados por las variables 'Largo' y 'Ancho'. El segundo, en cambio, concierne a la **función** y está representada por la fórmula del Área.

Ahora analicemos con mayor detenimiento que es lo realmente paramétrico y estructural en este programa. Que sucedería si por error escribimos 46 en lugar de 35; ¿sucederá algo anómalo? No, el programa simplemente reportará un valor distinto de la variable Área. Lo que habrá sucedido es un cambio paramétrico. Pero si por error escribimos '+' en lugar de '*' el programa no reportará el área correcta, funcionará mal y ello debido a un cambio estructural.

Como se observa, las consecuencias de ambos cambios tienen un efecto diferente. El primero simplemente causó una salida distinta, aunque correcta. El segundo, por el contrario, generó una salida errónea.

Es importante añadir que existe un tipo de cambio más radical, también de este tipo, pero que implica la viabilidad funcional de una estructura. Si por ejemplo, el símbolo '=' es omitido en cualquiera de las 3 líneas, el interprete de comandos no sabrá interpretar la sentencia y remitirá un mensaje de error abortando la ejecución del programa. Los que trabajan en tareas de programación saben lo devastador que puede ser un simple error de este tipo, conocido como "error de sintaxis". No paso lo mismo cuando se realizo el cambio del símbolo '*´ por '+´, no aborto el programa y, aunque reporto un resultado erróneo, funcionó. Este último cambio fue un **cambio funcional** mientras que el otro fue un **cambio estructural**. Esta distinción aparente trivial es definitivamente muy importante para el éxito funcional de toda estructura, incluidos los seres vivientes.

Por esta causa se abortaron dos misiones espaciales a Marte, la misión Fobos Norteamericana y la misión Mars de la ex Unión Soviética. En cuanto a la primera se detecto que el fallo de programación consistió en la omisión de un paupérrimo guión, sólo este cambio estructural bastó para arruinar una misión científica de muchos millones de dólares.

El gen llamado p53 es otro caso semejante. Este gen tiene por misión detener la formación de tumores en la célula. Lo logra del siguiente modo: Cuando la radiación ionizante o un químico cancerígeno daña el ADN de una célula, las señales de alerta de ésta activan a dicho gen para producir más proteínas p53. Estas, en base a tener la morfología espacial (coherencia funcional) necesaria para conectarse con las zonas reguladoras de los genes responsables de iniciar el proceso de inhibición de la duplicación celular, detienen el desarrollo del tumor hasta que la célula pueda repararse a sí misma o, de un modo más radical, activar el sistema de destrucción celular.

Sin embargo, si a causa de un agente carcinógeno cambia en un nucleótido del gen tan sólo una letra del mismo, como podría ser una G por T o una C por A, pueden suceder tres tipos de cambio:

En el primero no sucederá nada produciéndose así una **mutación silenciosa.** Esto es debido a que, como vimos en el capítulo 3, los aminoácidos están codificados de forma redundante permitiendo así que varias combinaciones parecidas de codones determinen un mismo aminoácido y en este caso el cambio sigue codificando el mismo.

En el segundo caso el cambio ya no codificará el mismo aminoácido, sino otro diferente, será entonces una **mutación de cambio de sentido.**

En el tercer caso, se puede producir un cambio que no codifique otro aminoácido sino una señal de terminación (Stop). Cuando esto suceda se producirá una **mutación sin sentido** equivalente a todos los efectos al cambio del símbolo "=" en el ejemplo del programa.

Sólo en los dos últimos casos el gen mutante generará una proteína p53 no funcional debida al cambio estructural que hará inútil su función antitumoral.

Teniendo una visión clara de estos conceptos pasemos a desarrollar una definición matemática de los mismos y consideremos más ejemplos aclaratorios.

1. CAMBIO PARAMETRICO

Este, como el nombre lo indica, es un cambio de parámetros. En este caso el número de componentes y su orden permanece inalterado, pero no así las magnitudes de estas. Por ejemplo, cambiar el volumen o luminosidad de un televisor es causar un cambio paramétrico en dicha estructura, o también, si tenemos un programa que dibuja un circulo en la pantalla, podemos cambiar el parámetro radio o el parámetro color y como resultado el circulo será de distinto tamaño (cambio de escala) o de otro color. La estructura del programa permanece inalterada pero el cambio de parámetros cambia el funcionamiento con resultados lógicamente correctos o esperados. Expresando esto matemáticamente se puede decir lo siguiente:

*Para una función **F** con una colección de parámetros **x** podemos aplicar otra colección de parámetros **x'** de tal modo que producimos el cambio paramétrico □**R** siguiente:*

$$R = F(x) \ \ y \ \ R' = F(x') \ \ \square R = R\text{-}R' \ donde \ \square R \ \square \ 0$$

*En este caso la respuesta, y por lo tanto el funcionamiento de ambas estructuras, es diferente como efecto de tener colecciones de parámetros distintos, aunque estructuralmente son iguales pues ambos son una función **F**.*

Ejemplos de cambios paramétricos para conjuntos de estructuras con igualdad estructural son las especies vivientes. Por ejemplo, las razas de perros aunque originalmente proceden del lobo, su asociación al hombre les ha permitido adquirir una diversidad de respuestas bastante grande. En los perros como en el resto de las especies con reproducción sexual, cada mezcla de progenitores combina en la meiosis sus respectivas informaciones paramétricas, de tal modo que cada descendiente tendrá una colección particular del conjunto de diferentes juegos de parámetros genéticos posibles a lo que se conoce como **polimorfismo cromosómico**. Cada generación implica un vasto rango de posibilidades, pero si deliberadamente se mezclan especímenes que tengan determinadas características, los parámetros genéticos que rigen dichas características se van acumulando y las razas se van especializando en formas, colores y tamaños especiales con cada generación. De este modo han surgido razas tan dispares como el Chihuahua o el Gran Danés, el Bull Dog o el Pastor Alemán. Todas estas razas son muy diferentes e incluso podrían confundirse con otras especies, no obstante, son perros, es decir, son funcionalmente iguales como especie, pero paramétricamente distintos.

Igual ocurre con la especie humana, incluso en una misma raza, es difícil encontrar sujetos absolutamente idénticos, salvo los gemelos, aunque es difícil afirmar si estos, que por lo general presentan unas pocas diferencias, puedan ser totalmente iguales paramétricamente.

2. CAMBIO FUNCIONAL

*En este caso tenemos dos funciones **F** y **G** diferentes, aunque ambas admitieran la misma colección de parámetros x, tendrán el siguiente comportamiento:*

$$R = F(x) \quad y \quad R' = G(x) \quad \square R = R\text{-}R' \quad donde \quad \square R \; \square \; 0$$

Siguiendo con el ejemplo del programa, si cambiamos un carácter de, por ejemplo, un comando, un operador, un identificador, etc. mas no un carácter perteneciente a un parámetro o a un comentario del programa, entonces perturbaremos con ese minúsculo cambio la tarea del compilador o interprete para hacerlo ejecutable. Lo que responderán será, por tanto, un mensaje de error y no habrá funcionamiento. No obstante, también podemos realizar cambios funcionales viables. Pero, como bien lo saben los programadores o diseñadores de cualquier estructura, a diferencia de los cambios paramétricos, necesitaremos rediseñar funcionalmente parte del programa, como también añadir o quitar una estructura dentro del mismo y, por ello, alterar el nivel de complejidad.

Lo mismo se aplica a los seres vivientes, la prole de una pareja de perros no está constituida por ratones o caballos, serán perros aunque difieran paramétricamente de los padres. Si dos especies distintas copulan teniendo una información genética estructural diferente no podrán procrear un ser híbrido ¿por qué? La respuesta es que la información genética estructural de distintas especies está organizada de diferente manera con distintos números de cromosomas y los mismos pueden tener también distintos puntos de intercambio para sus cromosomas homólogos, por lo tanto, no serán funcionalmente coherentes entre sí, y por ello dicha unión no permitirá el desarrollo del híbrido. No obstante, es posible cierto encaje entre especies muy parecidas como es el caso del mulo que es una mezcla del caballo y el burro, o el resultante de la mezcla de un camello con una llama que son genéticamente muy afines. Sin embargo, el encaje no es del todo viable, por cuanto la prole esta imposibilitada de procrear a su vez.

¿Qué puede decirse entonces de ciertas deformidades o cambios en el número de órganos de determinados individuos que poseen 6 dedos en una mano o 3 senos? ¿No serían acaso cambios funcionales respecto a una persona normal? En el proceso de desarrollo estructural de un ser viviente (Embriogénesis), el código genético resultado de la mezcla sexual contiene la información genética funcional y paramétrica necesaria para el desarrollo del nuevo ser. Esta no inventa nada, solo porta lo que ha recibido de ambos progenitores. Sin embargo es posible que en el proceso de desarrollo acontezcan trastornos que afecten parámetros en los genes Hox o en los intensificadores que regulan dichos genes que son relativos al número, tamaño y forma de órganos, de tal modo que la estructura ya desarrollada posea deformaciones tales como; un dedo más en una mano o un seno más. Pero pese a la apariencia de cambio funcional, puede ser aún básicamente un cambio paramétrico que es relativo a los procesos de desarrollo morfológico (tal como lo veremos más adelante cuando abordemos la epigenética).

Lo interesante de este caso es que, pese a dichas deformidades corporales, estos cambios funcionales son viables. Sin embargo, también pueden darse accidentes moleculares que rompan segmentos cromosómicos y formen inversiones o uniones inviables. En tal caso los zigotos que porten estos cambios generarán, durante el proceso morfológico, órganos atrofiados o vulnerables a atrofiarse con el tiempo como incluso la muerte en algún punto del desarrollo embriológico. Estos últimos son cambios funcionales no viables en cuanto a que el órgano formado no funciona, funciona mal o dejará pronto de funcionar y la causa también puede ser, como en el caso de la misión Fobos, un paupérrimo "guión".

POLIMORFISMO Y SELECCIÓN NATURAL DARWINIANA

Cuando Charles Darwin se embarco en 1831 en el Beagle era un recién licenciado en Teología por la universidad de Cambridge. No sólo estaba instruido en la tesis teísta de la creación del universo, sino que conocía también la obra de William Paley "Teología Natural" en la que se presentó, ya a principios del siglo XIX, la tesis del diseño inteligente (de dicha obra haría Dawkins una crítica en su libro "El relojero ciego"). No obstante, desde el siglo anterior ya existían otras corrientes de pensamiento que, sin ser necesariamente ateas, pretendían la aparición de la complejidad biológica como fruto de un proceso natural y no de la intervención divina. Es así qué, su propio abuelo, Erasmus Darwin, fue realmente el precursor del evolucionismo aunque sin presentar ningún mecanismo que explique cómo se incrementó la complejidad en los seres vivos.

Con estas ideas en la cabeza Darwin hizo su épico viaje a Sudamérica. Antes se había enseñado que las especies vivas eran estables y que no cambiaban de morfología ni se podían escindir en otras. Sin embargo, en las islas Galápagos observo algo inquietante, vio que los pinzones no eran los mismos en una isla que en otra. Unos tenían el pico más largo en una y otros más cortos en otra. También observo cambios morfológicos en otras especies en función del hábitat. ¿No sería acaso que realmente las especies pueden cambiar, escindirse en nuevas especies y por ende evolucionar hacia una mayor complejidad orgánica con el correr del tiempo tal como su abuelo Erasmus lo había sugerido?

Entonces Darwin se enfrento, luego de llegar a Falmounth tras 5 años de viaje, a la evaluación de una idea revolucionaria para la biología como lo fue la gravitación universal de Newton para la física. No obstante, necesitaba encontrar el mecanismo que explicara lo que observó y que, a su vez, explique de manera fehaciente como la evolución es posible. Observó que los agricultores y ganaderos ya habían descubierto técnicas de selección artificial para producir un mejor grano o una vaca con mayor producción de leche, y si los hombres pueden realizar una selección, la naturaleza también puede, ¿Pero cómo?. Gracias a una lectura del "Ensayo sobre el principio de una población" de Thomas Maltus, vio que la población humana crece más deprisa que sus recursos forzándole a buscar una selección artificial para sobrevivir, encontró que, de este mismo modo, en la naturaleza los seres vivientes más aptos sobrevivirán fijando sus ventajas evolutivas sobre los menos aptos que desaparecerán. Dicho mecanismo explica, por lo tanto, que una especie como los pinzones se diferencie de su fenotipo (forma corporal) original hasta otro diferente, ¿No puede también explicar esto, por extrapolación, la aparición de especies con mayor complejidad orgánica, es decir, con nuevos órganos en sus mecanismos motores, metabólicos y sensoriales?.

Es ésta precisa **extrapolación** la que funda la teoría de la Evolución Biológica. **La selección natural de Darwin, como instrumento de adaptabilidad, es un hecho científico demostrado, sobre esto no hay duda.** No obstante, pese a la opinión de gran parte del consenso científico, a la profusión de literatura académica y de divulgación que sostiene esta extrapolación evolucionista cabe preguntarnos:

¿Realmente puede la selección natural ser un mecanismo generador eficaz de la complejidad orgánica y por consecuencia un motor no sólo de adaptabilidad, lo que no se discute, sino también de evolución hacia estadios de mayor complejidad estructural?

Veamos ahora que nos dicen los dos tipos de polimorfismo con relación al actuar de la selección natural:

De acuerdo a los mismos se darán estos 2 casos:

Caso 1: Dos estructuras A y B tienen la misma complejidad C pero son paramétricamente distintos. Se da que B tiene ventaja funcional con respecto A por lo cual prevalece en la selección sobre A.

Caso 2: Dos estructuras A y B tienen complejidades distintas. Se da que B tiene ventaja funcional con respecto a A por lo cual prevalece en la selección sobre A.

Como se observa, en ambos casos B tiene ventaja funcional con respecto a A. La diferencia estriba en la naturaleza de dicha ventaja.

La primera es ventaja paramétrica y la segunda es ventaja estructural. Son dos caminos distintos que pueden confundirse. Y de hecho los confunde la concepción evolutiva neodarwinista, ya que dicha concepción no discrimina esta diferencia al aplicarla a los resultados de la selección natural.

La selección natural tiene por tanto poder para producir variabilidad fisonómica basada en cambios paramétricos del genoma precedentes de la variabilidad genética, más no en cambios estructurales importantes, como se ha extrapolado erróneamente.

En otras palabras, los cambios observados por los científicos pertenecen al primer caso y, sin distinguir la naturaleza de los mismos, extrapolan que dicho cambio puede implicar una evolución estructural con aumento de la complejidad.

El hecho evidente de que existe una capacidad de adaptabilidad genética en los seres vivientes que les permite cambios fisonómicos de origen paramétrico capaces de mejorar su supervivencia, tal como sucede con los pinzones de Darwin, a alimentado la falaz sensación de que la evolución estructural es posible y con ello el desarrollo de nuevos órganos que encajen en el contexto funcional del portador. Sin embargo, como hemos visto, esta es solo una extrapolación de lo que se ha venido a llamar "Microevolución".

La microevolución, que más adecuadamente habría de llamarse "adaptabilidad biológica", permitirá, por otra parte, **cambios morfológicos de origen paramétrico que proporcionen a las especies la capacidad adaptarse (sobrevivir) a nuevos hábitats y nuevas condiciones climatológicas sin efectos estructurales negativos.** Esto es lo que en verdad se observa en la naturaleza y sobre lo cual la ciencia ha constado cada vez con mayor detalle.

Cabe ahora preguntar ¿Dónde se generan estos cambios paramétricos o, dicho de otra forma, sobre qué elementos se producen?

Recordemos que la cadena de ADN es una compleja secuencia de varios elementos de los cuales los más destacados responsables son los genes codificadores de las proteínas y ARNs, como también, como más adelante veremos, las zonas reguladoras.

Todos los seres de una misma especie comparten una mayoría importante de información común, lo cual es lógico porque es la necesaria para su operatividad y desarrollo estructural, y otra parte más pequeña que concierne a la zona paramétrica de la cual resulta la variabilidad morfológica hallada entre los seres de una misma especie. A este tipo de información variable se la conoce como "variabilidad genética". ¿Cómo surge en una especie este reservorio de variabilidad? Veamos como lo explica Francisco J. Ayala en su artículo "Mecanismos de la evolución":

"Parece claro, por tanto, que frente a la concepción de Darwin, la mayoría de la variabilidad genética existente en las poblaciones no surge en cada generación por mutaciones nuevas, sino por la reordenación mediante recombinación de las mutaciones acumuladas con anterioridad. Aunque la mutación sea la causa última de la variabilidad genética, constituye un suceso relativamente raro. Suponiendo únicamente algunas gotas de alelos nuevos en el depósito mucho más grande de la variabilidad genética almacenada. La recombinación es en realidad suficiente por sí sola para permitir a una población que exponga la variabilidad escondida durante muchas generaciones, sin necesidad de un nuevo aporte genético mediante la mutación".(4)

Como vemos es la recombinación, más no la mutación, el verdadero motor de la adaptabilidad de las especies al entorno. Las mutaciones, en cambio, contribuirán al aumento de la variabilidad genética en la medida de que estas sean viables, es decir, produzcan nuevas posibilidades paramétricas y no mutantes inviables como resulta en la inmensa mayoría de casos.

Francisco J. Ayala ha realizado además, experimentos que confirman la relación entre variabilidad genética y adaptabilidad mediante experimentos de laboratorio con la mosca del vinagre llamada Drosophila.

En el experimento se cultivaron dos poblaciones de esta mosca de modo que una tuviera inicialmente el doble de la variabilidad genética que la otra. A continuación se confinó a las poblaciones en el laboratorio durante 25 generaciones con una competencia muy intensa por el alimento y el espacio vital, condiciones que tienden a estimular los cambios rápidos de adaptabilidad. Como resultado ambos grupos de moscas se adaptaron gradualmente al ambiente, pero la tasa de adaptación fue sustancialmente mayor en la población que presentaba inicialmente una variabilidad mayor. Por supuesto, Ayala, como evolucionista, en lugar de emplear el término "adaptación" utiliza, mas bien, "evolución". De cualquier modo, al margen de la óptica, las conclusiones de su investigación son bastante reveladoras e ilustrativas para el asunto que estamos tratando.

Para entender mejor este proceso analicemos la siguiente figura:

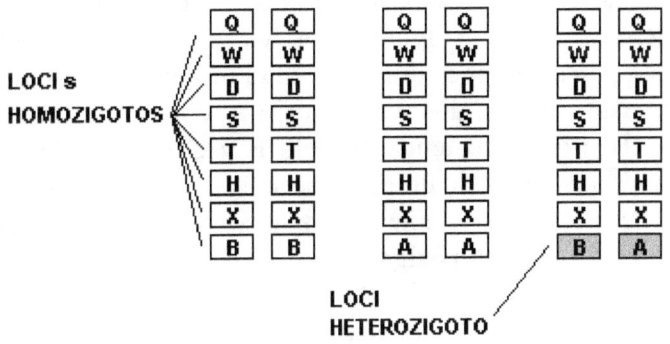

En ella vemos representados 3 sectores cromosómicos de 3 seres distintos de una misma especie. En ellos cada letra del alfabeto representa un gen específico. Al conjunto de todos estos genes posibles se les denominan **alelos**. Notamos que cada ser dispone de un par de genes para cada posición específica de un gen llamada **loci**, y ello, además de aportar una redundancia en la medida qué, sí se nos estropea un gen tendremos otra copia de repuesto, también permite la recombinación genética de los genes del padre con los genes de la madre, de tal modo que se barajen como un grupo de naipes para combinar los distintos caracteres de los progenitores en los seres con reproducción sexual. Imaginemos que el genoma de la especie hipotética representada tuviera sólo los 8 loci mostrados y que, además, todas las letras del alfabeto son alelos posibles para ellos. Esto nos indicaría qué, para cada especie, existen muchos más genes distintos (alelos) que locis en su genoma. Esto significa que, por ejemplo, para un loci determinado que contiene el gen que codifica una proteína reguladora, existen varios otros candidatos a suplantarle. Pero esto no sucede en todos los casos. Notemos que en la figura todos los loci salvo el último, tienen pares de genes iguales y en el último se pueden dar tres casos: que los dos sean el alelo A, que los dos sean el alelo B o que uno tenga el alelo B y el otro el alelo A. Cuando los alelos de un mismo loci son iguales tendremos entonces lo que se llama **homozigosis** y si son diferentes tendremos una **heterozigosis**.

Por último, en el ejemplo vemos que gran parte de los loci son homozigoticos y, por lo tanto, constantes en todos los seres de una misma especie. Aquí no opera la variabilidad genética porque ellos representan la parte estructural y operativa esencial y cualquier mutación sería dañina. Más un grupo pequeño de ellos si son heterozigoticos, y es en ellos donde trabaja la variabilidad genética que es la parte paramétrica del genoma.

Visto esto cabe preguntar ¿Qué porcentaje del genoma está involucrado en la variabilidad? O dicho de otra forma ¿Qué porcentaje del genoma presenta heterozigosis?

Según, estimaciones realizadas mediante la electroforesis de gel, una técnica que mide la variabilidad mediante el examen de la tasa de variantes proteicas, las plantas son la que presentan mayor variabilidad con un 17% en promedio, en segundo lugar están los invertebrados con un 13,4% y en último lugar los vertebrados con un promedio de 6.6%. Y esto significa que en el mismo orden los primeros tendrán mayor adaptabilidad que los últimos.

En el caso de la especie humana, el 92.3% de su genoma es homocigótico, es decir, es común a todos sus integrantes y podemos considerarlo fundamentalmente estructural. Por otra parte el 6.7% restante es heterocigótico, es decir, incorpora en su mayor parte, los componentes paramétricos que generan todos los aspectos distintivos del género humano (estatura, color de piel, color de ojos, etc.). El efecto de las mutaciones sobre esta fracción paramétrica del genoma no implicará enfermedades o trastornos mortales, más bien futuras posibilidades para la adaptación. En cambio en la primera fracción, la estructural (el anterior 92,3%), las mutaciones pueden afectar funciones y órganos que generen enfermedades o incluso la muerte. En dicho caso las mutaciones tenderán a desaparecer del reservorio de la variabilidad genética en virtud de tener desventaja selectiva y por la baja tasa de supervivencia de los afectados de tal modo que no hereden sus genes defectuosos a la siguiente generación, pero no todas. (4)

Por esta razón, un residuo de este 6,7% corresponde, no al área paramétrica, sino a la carga de defectos genéticos estructurales procedentes de mutaciones acumuladas en el transcurso de la historia humana. La abrumadora mayoría de estas son negativas. Sin embargo, existe un reducido grupo de casos de estos defectos que, pese a su naturaleza estructural, no son tan graves y proporcionan ventajas relativamente positivas para hábitats y condiciones especiales. Un ejemplo clásico lo constituye la anemia falciforme. Esta surge de una mutación de tan solo un nucleótido del gen sintetizador de la hemoglobina que la hace defectuosa para portar oxigeno produciendo glóbulos rojos deformes. No obstante, por lo mismo protege a sus portadores del contagio de la malaria proporcionando, a los pobladores de zonas muy expuestas a esta enfermedad, la capacidad de sobrevivir a la misma con respecto a los que no padecen dicha enfermedad. Como consecuencia se conservará el gen defectuoso para las generaciones posteriores. Este ejemplo, sin embargo, no presenta ninguna mejora estructural neta, más bien fija, en función de la prevalencia de una circunstancia externa, la subsistencia de dicho defecto genético, y esto no es lo que realmente sirve para el desarrollo evolutivo. (4)

Volviendo al análisis de la figura anterior, sabiendo que tenemos dos genes en cada loci y que en la heterozigosis tenemos a dos genes o alelos distintos en uno de ellos, cabe preguntar ¿Cuál de ellos es elegido para expresarse y por qué?

Cuando Gregor Mendel, considerado el padre de la genética, realizo sus estudios de herencia con flores, descubrió qué, cuando dos progenitores que tienen una característica distinta como el color de los pétalos de la flor engendran a un tercero, el último no hereda una mezcla de las características de sus progenitores sino, mas bien, expresa la característica (gen) de una de ellas y de la otra no. Esto nos indica que de los dos alelos uno de ellos resultará dominante y el otro recesivo. ¿Por qué sucede esto?

Como dijimos antes en el caso de los seres humanos no todo ese 6,7% de heterozigosis tiene que ver con la variabilidad genética viable, ya que una fracción de ella comprende a genes defectuosos de la zona estructural producto de mutaciones dañinas. Cuando un gen de esta naturaleza es heredado de ambos progenitores el loci respectivo tendrá homozigosis y, por tanto, tendrá dos copias defectuosas del gen. Esto conseguirá que se exprese dicho gen defectuoso generando los trastornos que el fallo de su función implique. Pero sí el loci es heterozigoto y por ello tiene un gen defectuoso y otro normal, es fácil comprender que la proteína que exprese el gen sano será la que funcione en relevo de la proteína no funcional que exprese el gen defectuoso.

Pero cuando se trata de una heterozigosis con dos genes sanos y funcionales ¿Qué determina que uno sea dominante y otro recesivo? En este caso podemos decir que la proteína del dominante resultará más eficiente en el cumplimiento de su función que la recesiva y que, por ello, en competición mutua ganará la dominante. Sabemos que existen muchos tipos de proteínas, algunas forman parte de procesos enzimáticos, es decir, catalizadores de distintas asociaciones químicas. Otros forman parte de maquinarias moleculares complejas y tienen una funcionalidad contextual lo cual implicará que, o funcionan o no funcionan sin términos medios. También hay proteínas que tienen una función reguladora, es decir, servirán para regular a otro gen acoplándose alostéricamente a su zona reguladora. Ahora bien, no todas las proteínas reguladoras pueden acoplarse con la misma eficiencia, ya que pueden existir varios alelos que codifiquen una proteína destinada a regular a un mismo gen, aunque con distintas eficiencias de acoplamiento y, por lo tanto, esto explique por qué algunos alelos son dominantes y otros recesivos. Igualmente algunos alelos pueden producir enzimas más eficaces que otras para catalizar una misma reacción o síntesis molecular.

Por último, aunque en las leyes de Mendel se analizaban cambios discretos donde una característica prevalece sobre otra, también se dan cambios continuos donde ninguno es plenamente dominante ni plenamente recesivo, y por ello el resultado es una mezcla de ambas características como es el caso de la flor de dragón que cuando uno de sus progenitores es de color blanco y el otro rojo da como resultado una flor con un determinado tono rosa entre el blanco y el rojo.

En cualquier caso, como veremos más adelante, el sistema puede ser más intrincado, pero, sin embargo, no menos interesante. Sigamos.

Visto hasta aquí, consideraríamos que la variabilidad es un producto exclusivo de cambios paramétricos en el proteoma (genoma codificador de proteínas). Pero en realidad no es así. Nuevos descubrimientos han ampliado el escenario de la variabilidad al punto de que muy importantes cambios de fenotipo, incluidos cambios estructurales, pueden ser causados por otros protagonistas que no son los genes. Al estudio de estos procesos que escapan al influjo de los mismos se le ha denominado **epigenética**, que significa, más allá de los genes.

Los ordenadores tienen un método, creado por ingenieros y no por una autoorganización de la materia, que permiten a los mismos responder a las acciones del usuario. Se les llama vectores de interrupción, dichas interrupciones son programas con una dirección de memoria definida en la ROM BIOS de tal modo que cuando el usuario pulsa una tecla invocará que se active el oportuno vector de interrupción que se encargará, por ejemplo, de detectar que letra a sido pulsada y colocarla en la pantalla en la zona actual del cursor. Del mismo modo otros eventos básicos invocaran a otras interrupciones. Los programas informáticos a bajo nivel también los invocan. En los programas de alto nivel, es decir, más cercanos al usuario, también se usan funciones o procedimientos y pueden invocarse desde distintas partes del programa repetidamente según se necesiten. Este principio informático de reutilización de un módulo funcional también está presente en la biología esta vez mediante los genes **pleiotrópicos.**

Aproximadamente el 10% del genoma interviene en la construcción y diseño del cuerpo y de ellos la mayoría son pleiotrópicos lo que significa que son invocados más de una vez durante el desarrollo. Esto implica que un gen no es sólo responsable de una característica del fenotipo, sino de varias en virtud de que se le ha invocado en distintas partes del cuerpo y en distintos estadios de desarrollo. ¿Cómo funciona esto?

Recordemos que para activar la transcripción de un gen se necesita que haga acto de presencia una proteína activadora, que activada a su vez por un operon, se acople a su zona reguladora y dispare así el proceso de transcripción. El hecho de tener una sola zona reguladora no otorga la flexibilidad que necesitaría un gen pleiotrópico. Por ello la forma de solucionar esto es conferirle al gen varias zonas reguladoras. Con ellas se permitirá que existan varios activadores relativos a contextos distintos de posición corporal y secuencia temporal.

A estas zonas reguladoras de un mismo gen se les denomina **intensificadores**, y a las proteínas que servirían de activadores para esas zonas se les llaman **factores de transcripción.** Estos factores son a su vez regulados por otros genes que serán quienes dirigirán la secuencia y el lugar donde deberá invocarse la transcripción del gen pleiotrópico.

Lo interesante de este tipo de genes es que pueden expresar cambios fenotípicos, no por causa de una mutación en el propio gen, lo cual devastaría todas su expresiones posibles, sino mediante la mutación de uno de sus intensificadores. De este modo, sólo un aspecto del fenotipo, de los varios posibles, será afectado permaneciendo la funcionalidad del gen intacta y evitando así posibles desastrosas consecuencias.

Ahora bien, como estamos hablando de genes involucrados en el desarrollo anatómico, tenemos que considerar que una mutación en un intensificador implicara que el gen no se exprese en un lugar o momento dado y ello puede inhibir el desarrollo de una determinada sección corporal de importancia, o sólo la presencia o no de una coloración en algún lugar del cuerpo del animal.

Veamos dos ejemplos de estos tipos de cambio fenotípico.

Existe un gen en la mosca de la fruta que está implicado en la coloración de varias partes de su cuerpo. Este gen llamado Yellow codifica una proteína que promueve la pigmentación de color negro. Sí dicho gen resulta mutado las moscas tendrán un color amarillo, de allí el nombre. El caso en cuestión es que el gen Yellow posee distintos intensificadores que lo activan durante el desarrollo de diversas partes del cuerpo de la mosca, alas y abdomen incluidos.

Con un gen Yellow intacto, pero estando mutado, por ejemplo, el intensificador que invoca el proceso de coloración del abdomen, producirá en consecuencia un abdomen amarillo. Sí, en otro caso, el intensificador mutado (o anulado) es el que invoca la coloración de las alas estas perderán la coloración típica de la mosca silvestre. (15)

Gasterosteus aculeatus

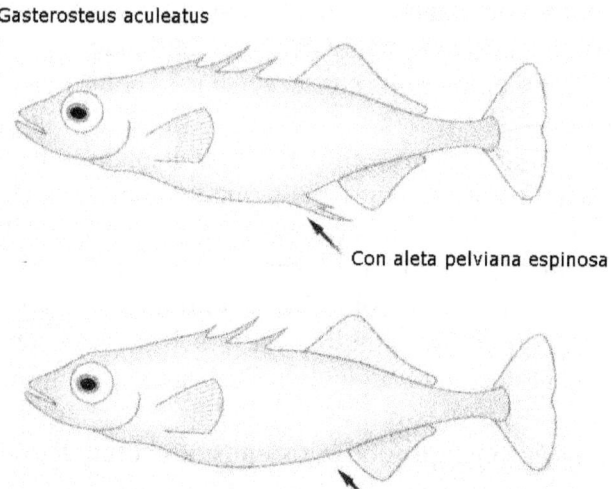

Con aleta pelviana espinosa

Sin aleta pelviana

Otro caso más espectacular y con resultado adaptativo más definido es el del pez espinoso llamado Gasterosteus aculeatus. Este pez tiene tres radios espinosos dorsales. Dependiendo de dónde viven y de cuál es el depredador más amenazador de dicho hábitat, estos peces pueden adoptar dos formas: Los espinosos de aguas profundas desarrollan una aleta pelviana espinosa en el abdomen que dificulta que los engulla un pez de gran tamaño; los espinosos de aguas poco profundas han perdido la aleta pelviana, con lo que resulta más difícil que se les adhieran las larvas de insectos que habitan en el fondo y se alimentan de la cría de los peces.

Cada uno de estos peces, que pertenecen a una misma especie, tiene un gen llamado Pitx1 que está involucrado en el desarrollo de varias estructuras importantes de sus cuerpos. Cada estructura será invocada por un intensificador específico y, como resulta obvio, existe un intensificador específico para el desarrollo de la aleta pelviana espinosa. En el caso de los peces de aguas poco profundas, dicho intensificador ha sufrido una mutación dañina que impide que estos desarrollen dicha aleta. El gen Pitx1 no sufre ninguna mutación y funciona normalmente para el resto de estructuras que involucra. Este ejemplo muestra como cambios no genómicos pueden tener importantes efectos adaptativos y de paso, ponen en relieve la enorme importancia de los intensificadores en el desarrollo morfológico de los seres vivos. (15)

Estos ejemplos, en particular el último, son invocados como ejemplos de macromutación y, si es macromutación, ¿No estaríamos hablando entonces de evolución en sentido estricto y, por tanto, probarían la evolución biológica?

Francis S. Collins, el director del Proyecto Genoma Humano, en su libro "¿Cómo habla Dios?" Menciona este caso como un ejemplo del surgimiento de una nueva especie. Pero esto no es correcto. En el artículo de Sean B. Carroll, Benjamin Prud'homme y Nicolas Gompel. "La regulación de la evolución" (Investigación y Ciencia. Julio 2008) los autores no dicen que estos dos grupos de peces formen dos especies distintas. Son la misma especie con dos razas marcadamente diferenciadas por dicha aleta pelviana espinosa. En una parte de su artículo ellos dicen: "Merced al estrecho parentesco entre los espinosos y su **cruzamiento** en el laboratorio, se han podido cartografiar los genes implicados en la reducción de su pelvis" (15) (énfasis en negrita añadido). Si fueran especies distintas no podrían hibridar. Lo que los autores definen como "estrecho parentesco" es en realidad, tal como ellos lo explican en su interesante artículo, dos subespecies de un mismo pez cuya diferencia estriba en la supresión de un intensificador. Hay que decir además, que dicho cambio implica una perdida más no una ganancia de función fenotípica. La herencia de dicha mutación ha generado dos razas de una misma especie que, por causa de la selección natural del hábitat, han derivado en dos poblaciones diferenciadas por la presencia o ausencia de dicha aleta dorsal. Por lo tanto, aunque lo parece, no es un ejemplo valido de macro mutación fenotípica en camino a la formación de dos especies distintas. No dejemos de recordar que lo que distingue a dos especies entre sí no es que se diferencien, ya que de hecho existen especies distintas que son prácticamente indistinguibles, lo que los distinguirá será que su ordenación cromosómica sea distinta y que, por consecuencia, no puedan hibridar entre sí. Si con el tiempo se encuentra un proceso natural que explique dicho cambio en el orden cromosómico que de lugar a una nueva especie animal, será sin duda interesante y los creacionistas en nada deberían incomodarse por ello ya que la especiación no implica macroevolución, aunque para el evolucionismo resulte un vehículo fundamental para el curso de la misma, son dos fenómenos totalmente distintos. En todo caso, aún no se ha demostrado un solo caso de especiación animal, si bien ello no implica que no haya podido suceder muchas veces en la historia de la vida.

Reflexionemos ahora sobre lo siguiente ¿Podemos decir qué, sí sobre la base de estos mecanismos, con pulsar un botón (mutar un intensificador) podemos anular una característica, no podríamos esperar también que haciendo lo mismo hagamos aparecer una nueva característica tal como el evolucionismo lo esperaría?

Veamos lo que nos dicen Sean B. Carroll, Benjamin Prud'homme y Nicolas Gompel del Instituto Médico Howard Hughes en su artículo "La regulación de la evolución" citado anteriormente:

"A pesar de que tendemos a pensar que la presencia de una característica en una especie y su ausencia en otra emparentada con ella indica su adquisición por la primera, no siempre acontece. **Antes bien, lo habitual es que la evolución dé marcha atrás y se pierda algún rasgo".** Y luego concluyen: "La perdida de características corporales ofrece quizás el ejemplo más claro de que la evolución de los intensificadores es el mecanismo más probable de la evolución anatómica".(15) (énfasis en negrita añadido)

Analicemos esto. En primer lugar se admite que en la mayoría de los casos los cambios resultan de pérdidas de caracteres, lo cual no nos debe extrañar porque para todo artefacto es inmensamente más probable estropearlo que arreglarlo con una alteración aleatoria de su estructura. No obstante, como vimos en el caso del pez espinoso algunos cambios resultan adaptativos y por ello beneficiosos. Ahora bien, ¿Cómo podría añadirse una característica nueva a un organismo mediante este mecanismo?

Para ello, se tendría que mutar una zona del ADN adyacente al gen que antes no era regulador para llegar a serlo después de dicha mutación y que además, tenga la distancia definida para hacer posible activar el proceso de transcripción con los demás actores del proceso sin estorbar a los otros. Suponiendo que esto pueda darse, y conste que los autores del artículo no señalan ningún ejemplo real de un caso así, tendría que aparecer la increíble casualidad de que dicha zona se convierta en coherente con un factor de transcripción nuevo y que sean codificado por otro gen también nuevo perteneciente a un concierto de genes implicados en los detalles de esa característica también nuevos. ¡Esto sencillamente es demasiado inverosímil!

Por último cabe destacar otro misterio que causa perplejidad desde la óptica evolucionista. Veamos como los autores del artículo anteriormente mencionado lo explican:

"Cuando se observa con detalle un gen concreto, el parecido entre las especies constituye también la norma. Por lo general, las secuencias de ADN de dos versiones cualesquiera de un gen, así como de las proteínas que las codifican, se parecen; que el grado de semejanza sea mayor o menor sólo refleja el período de tiempo que ha transcurrido desde que las dos especies se diversificaron a partir de un ancestro común. **Tamaña conservación de las secuencias codificadoras durante el período evolutivo produce desconcierto; aún más, cuando se trata de los genes implicados en la construcción y el diseño del cuerpo."**

"A los especialistas en esta área de investigación nos intriga el descubrimiento de que las proteínas utilizadas para construir el cuerpo se parecen entre sí, por término medio, todavía más que el resto de las proteínas. Parece una paradoja: animales tan distintos como un ratón y un elefante se forman a partir de un conjunto muy parecido de proteínas, que intervienen en la formación del cuerpo y cuyas funciones son iguales. Lo mismo se puede decir de los seres humanos y nuestros parientes vivos más cercanos: la mayoría de nuestras proteínas difieren de las de un chimpancé en apenas uno o dos de los varios cientos de aminoácidos que contiene cada proteína; el 29% posee exactamente la misma secuencia". (15) (énfasis en negrita añadido)

Esto me recuerda la estrategia publicitaria que realice hace muchos años en una academia de informática donde yo daba clase a fin de atraer las miradas de los transeúntes. Como desde las ventanas del local se podían ver las pantallas de los ordenadores, diseñé un pequeño programa que realizaba hermosas formas de líneas de colores. Después que se terminaba de formarse una, se formaba otra diferente y así, nuevas formas aparecían vez tras vez hasta que los observadores, por lo general niños, se cansaban de mirarlas.

El programa se basaba en un algoritmo que usaba números aleatorios como parámetros a fin de que con un juego de ellos se forme una figura particular. Lo interesante del caso es que, aunque cada forma era diferente, **todas partían del mismo algoritmo. Lo que sí cambiaban eran los parámetros.**

Del mismo modo los seres vivientes comparten algoritmos similares con parámetros distintos, no sólo en la parte funcional, sino también en la parte morfológica. Siendo los intensificadores (parte del ADN "basura"), no los únicos, pero sí importantes parámetros de la diferenciación fenotípica entre las especies vivientes.

Pero esta conservación de secuencias codificadoras no es el único caso de conservación inmune a la mutación en los mecanismos biológicos. Veamos lo que nos dicen los autores del libro "Genética moderna":

"La conservación evolutiva de los genes Hox y HOM-C no es un hecho singular. Se han descubierto muchos ejemplos de conservación evolutiva y funcional de genes y rutas de desarrollo completas. Por ejemplo ver figura, existen rutas conservadas por completo para activar los factores de transcripción DL de Drosophila y NFkB de mamíferos. Las proteínas de Drosophila que actúan en cualquiera de los pasos de la ruta de activación de DL poseen una secuencia de aminoácidos similar a su correspondiente en la ruta de activación de NFkB en mamíferos (No se preocupe de qué hace cada proteína; **aprecie, simplemente, la increíble conservación de las rutas celulares y de desarrollo**, como indican los componentes de las rutas que se representan en los esquemas mediante figuras con la misma forma. Sabemos, en realidad, que DL y NFkB participan en algunas decisiones de desarrollo equivalentes.) **Ciertamente, tal grado de conservación evolutiva y funcional parece la norma, más que la excepción**". (12) (énfasis en negrita añadidos)

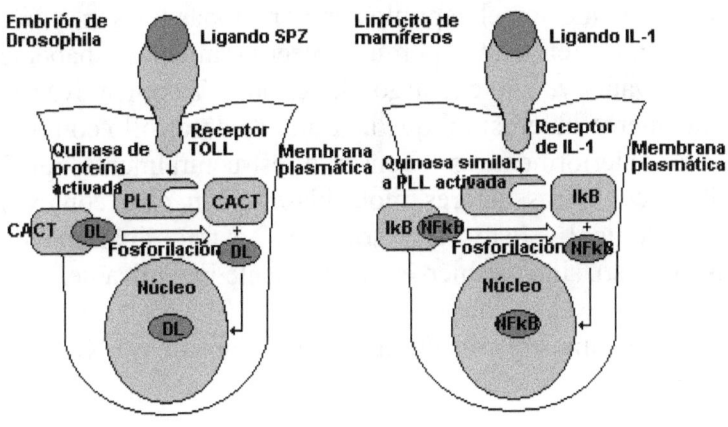

Observemos como los autores desde una perspectiva evolucionista denominan a este sorprendente fenómeno "**conservación evolutiva**". Y con ello destacan la dosis de perplejidad que supone reconocer que muchos genes, zonas reguladoras y rutas de desarrollo completas hayan podido salir inmunes de la acción del cambio evolutivo y permanecer conservadas en seres que, morfológicamente, parecen muy distanciados evolutivamente entre sí. Ahora bien, ¿No podríamos decir qué las mismas subsisten porque son heredas de Urbilateria (el primer ser bilateral) al ser necesarias para la subsistencia ya que, de haber cambiado por acción de la presión mutacional evolutiva, los especímenes mutados no hubieran podido sobrevivir para dejar descendencia?.

Esta explicación hubiera podido ser suficiente para explicar el misterio si se cumpliera que todas estas zonas reguladoras o genes fueran vitales, pero la realidad es que, como veremos en el capítulo sexto, no todas los son, y por ello no tendrían porque necesariamente haberse conservado y, sin embargo, lo están. También resulta sumamente inverosímil que una ruta de desarrollo como la vista anteriormente se conserve estructuralmente igual ¡Pero con otros actores moleculares y en otro contexto morfológico!. Esto no sólo es extraordinariamente asombroso, sino también evolutivamente inexplicable.

Veamos que ha descubierto el Consorcio ENCODE al respecto:

"Otras sorpresas en los datos de ENCODE tienen mayores implicaciones para nuestra comprensión de la evolución de los genomas, en especial de los genomas de mamíferos. Hasta hace poco, los investigadores pensaban que la mayoría de secuencias del ADN importantes para la función biológica se encontraban en áreas del genoma sujetas a restricciones evolutivas, es decir, en áreas en que era más probable que la secuencia se conservara durante el proceso evolutivo. Sin embargo, el trabajo de ENCODE ha revelado que **alrededor de la mitad de los elementos funcionales en el genoma humano no parecen haber sido sometidos a restricciones evolutivas**, al menos cuando son examinadas mediante los métodos más actuales empleados por biólogos computacionales en el proyecto ENCODE.

Según los investigadores, esta falta de restricción evolutiva podría indicar que los genomas de muchas especies **contienen una reserva de elementos funcionales, incluyendo transcritos de ARN, que no proporcionan beneficios específicos en términos de supervivencia o reproducción**. A medida que esta reserva avanza en la evolución, los investigadores especulan que puede servir como "almacén para la selección natural", **al actuar como fuente única de elementos funcionales para cada especie y de elementos que realizan funciones similares entre las especies a pesar de tener secuencias aparentemente distintas**". (26) (énfasis en negrita añadido).

Estos hechos tienen realmente una lectura más profunda que el prejuicio evolucionista no permite vislumbrar. Nos habla con fuerza de lo que ven y usan los ingenieros con frecuencia en sus diseños y desarrollos, **los módulos funcionales**. Con ellos los ingenieros no tienen que inventarlo todo desde cero. Pueden, en cambio, usar muchos módulos funcionales ya inventados y que además están disponibles para ser utilizados en sus ingenios. En la informática existen varios algoritmos clásicos para ordenar y buscar un dato o grupo de datos. Simplemente los incorporan a sus programas como módulos ya construidos con la capacidad de admitir o no parámetros. En la electrónica sucede lo mismo con muchos dispositivos y chips de compuertas lógicas, así como procesadores complejos programables. En todos estos casos, de obvio diseño inteligente, los módulos están presentes una y otra vez en los distintos artefactos desarrollados por la ingeniería humana.

¿Por qué entonces tenemos que cegar nuestros ojos al extraordinario hecho de que la biología nos muestra contundentemente que también ella incorpora en los diseños vivos abundantes módulos funcionales reutilizados una y otra vez en las distintas criaturas de la tierra que no podemos explicar cómo heredables de un ancestro común?

¿Pero hay evidencia actual que descarte un ancestro común? Veamos.

El siguiente extracto pertenece a Máximo Sandín del Departamento de Biología de la Facultad de Ciencias de la Universidad Autónoma de Madrid, en su artículo titulado "Las sorpresas del genoma":

"Se han estudiado secuencias de genes de una gran cantidad de mamíferos salvajes. A pesar de que las secuencias estudiadas eran diferentes en los dos trabajos, los resultados, semejantes, eran los siguientes: las estrechas semejanzas en sus secuencias separan a los mamíferos en cuatro grupos: Afrotheria (Mamíferos africanos), Laurasiatheria (Eurasiáticos), Xenartra (mamíferos de Centro y Sudamérica) y Euarchonta + Glires, (¡Primates, incluido el hombre, y roedores!). Los dos grandes grupos independientes de los dos primeros continentes poseen formas de ungulados, carnívoros, acuáticos... Es decir, para ellos, no parecen haber evolucionado agrupados según el criterio tradicional (ungulados, carnívoros, etc.) **sino que, en cada continente, han "surgido" las distintas morfologías y las distintas funciones en la pirámide ecológica.** La "explicación" del extraño fenómeno es que "Muchas adaptaciones de los mamíferos placentados, abarcando desde acuáticos a voladores, han evolucionado muchas veces independientemente" **(sí ya resulta difícilmente explicable que una de las "adaptaciones" como, por ejemplo, el vuelo, surja una vez como consecuencia de la selección natural actuando sobre mutaciones al azar, qué decir de todas esas "muchas adaptaciones"). Aunque el fenómeno se califica en la revista como "radiaciones adaptativas paralelas", un "relicto" de la vieja Biología consistente en poner un nombre a un fenómeno como si eso lo explicase, lo cierto es que parece ajustarse más a las observaciones de Eldredge: evolución de ecosistemas, en la que tienen que estar forzosamente implicados mecanismos de transferencia horizontal de genes, incluidos los del desarrollo".** (25) (énfasis en negrita añadido)

Nótese bien lo que dice el texto anterior. Esta hablando que de acuerdo a los estudios del genoma de mamíferos, ¡Los mismos han surgido en distintos continentes simultáneamente!. Esto no sólo es extraordinariamente asombroso, sino también muy incomodo para la tesis evolutiva porque, como lo señala Sandín, ello implicaría varios procesos evolutivos independientes para dar lugar a convergencias funcionales, es decir, que la evolución debió inventar varias veces los mismos complejos morfológicos en los distintos continentes sin que unos procedan de otros, y en el insignificante intervalo de los 10 millones de años de la explosión cámbrica.

Nuevamente esta realidad nos confronta con el hecho de que la biología abunda en ejemplos de módulos funcionales que no son solo estructuras repetidas, sino sendos algoritmos repetidos en distintos organismos con distintos juegos de parámetros y actores moleculares que proceden todos a su vez de una asombrosa plataforma de información consistente en ácidos nucleicos llamada ADN.

La vida no es, entonces, solo mecánica molecular, sino también informática molecular. Siendo la información una estructura funcional ¿Tiene las mismas dificultades que un mecanismo para surgir por una autoorganización de la materia o quizás no? Continuemos.

Capitulo 10
INFORMACIÓN

Cuando James Watson y Francis Crick descubrieron en 1953 la estructura del ADN, descubrieron también en cierto modo la plataforma molecular en la cual se encuentra el "Firware biológico". Realmente Avery en 1944 ya había establecido que el material biológico de la herencia lo constituye este ácido, pero no se conocía como estaba estructurado. Lo que asombro e incluso incomodo a muchos biólogos fue el carácter "informático" del material genético. Muchos biólogos esperaban que los seres vivos fuesen más como una maquina tan poco informática como lo puede ser un motor de combustión o una turbina. No se esperaban que los seres vivos se parecieran tanto a una computadora como las que la ya naciente industria informática estaba colocando en el mercado por aquellos años.

Mas adelante, con el descubrimiento de los genes Hox y más aún con los últimos y asombrosos resultados del Consorcio ENCODE (año 2007), el ADN se presenta como una plataforma de información sumamente "informática". Dispone de instrucciones de "Inicio" y "fin". Tiene capacidad de funciones y procedimientos con uso de parámetros (múltiples zonas reguladoras para un solo gen), genes capaces de sintetizar más de una proteína, genes que regulan en cascada a otros genes en una iteración compleja tal como la existente en los programas informáticos. Etc. Todo este "Firware biológico" es con creces más complejo y potente que el mejor Firware de computo hoy existente.

A este punto podemos decir que el misterio de la vida ya no consiste solo en explicar cómo ha llegado a surgir un mecanismo complejo, sino también como a su vez y simultáneamente ha surgido una plataforma compleja de información biológica susceptible de controlar y construir dicho mecanismo.

Cabe ahora preguntarnos ¿Existen en el universo otras plataformas de información del mismo tipo que la contenida en el ADN que sean de origen natural? ¿Qué tipos de información existen? Y por último ¿Qué es la información?

Supongamos que el universo solo estuviera constituido por un plasma con densidad de energía uniforme en todo su volumen. No existirían desequilibrios termodinámicos ni orden alguno. En dicho caso aquel universo podría ser descrito con muy poca información. Por el contrario, un universo ordenado y disperso en energía como el nuestro requiere mucha información para ser descrito. Bajo este planteamiento, según los fundadores de la teoría de la Información Claude Shannon y Norbert Wiener, se ha considerado a la información como una **negentropía** (el reverso de la entropía) ya que a más información menos entropía y a más entropía menos información.

No obstante, esta definición de la información como una entidad meramente física resulta insuficiente. La información puede ser, de hecho, elevada por encima de un mero reverso de la entropía para convertirse en algo más trascendente, en el eje de transmisión entre la materia y la consciencia. Veamos cómo.

PERCEPCION DE INFORMACION

Por ejemplo, cuando una gacela ve a un león no permanece impasible, por el contrario, reacciona huyendo inmediatamente. Su reacción es debida a que, en la figura del león que perciben sus ojos, entiende un significado: peligro de ser devorado. En este caso la imagen visual del león plasmada en las retinas de los ojos de la gacela es una estructura de información. A esta estructura podemos considerarla también como un símbolo al que se asocia un significado y en consecuencia se produce una respuesta tal como el esquema mostrado:

SÍMBOLO + SIGNIFICADO = RESPUESTA

En el caso de la gacela la imagen del león constituye un símbolo cuyo significado está elaborado por ésta, sea por instinto o aprehendido por la experiencia. El león no ha intentado comunicar su presencia a la gacela, es esta última la que ha percibido al león. Para ello se ha servido del sentido de la vista, en otros casos la presa puede percibir al depredador o viceversa mediante otros sentidos como el olfato y el oído, pero sin importar que sentidos se usen los mismos son fundamentales en todo proceso que implique intercambio de información.

De este modo, la estructura física constituida por una disposición compleja y ordenada de señales electromagnéticas en la banda de luz visible capaz de ser captada por los ojos de la gacela era mera información física, pero ahora se ha convertido en un tipo de información que tiene significado y es capaz de producir una respuesta. Ello nos lleva a la siguiente definición de información:

La información es toda estructura susceptible de ser interpretada para producir una respuesta.

Esta información ya no consiste en solo una estructura física como la negentropía, sino en una que es capaz de ser interpretada por siquiera un intérprete. Cualquier información que carezca por completo de intérpretes no podrá constituir este tipo de información, es decir, información con significado.

William Dembski, uno de los principales teóricos del Diseño Inteligente, denomina a este tipo de información como **información especificada**. Veamos como describe la distinción entre estos tipos de información:

"La distinción entre información especificada y no especificada puede definirse ahora como sigue: la actualización de una posibilidad es especificada si, independientemente de la posibilidad de actualización, la posibilidad es identificable por medio de un patrón. Si no lo es, entonces la información es no especificada. Nótese que esta definición implica asimetría respecto de la información especificada y no especificada: la información especificada no puede transformarse en información no especificada, aunque la información no especificada puede transformarse en información especificada. **La información no especificada no necesita seguir siendo no especificada sino que puede transformarse en especificada a medida que nuestro conocimiento aumenta.** Por ejemplo, una transmisión criptográfica cuyo criptosistema no haya sido aún descubierto constituye información no especificada. Sin embargo, tan pronto como descifremos el código, la transmisión criptográfica se convierte en información especificada". (3)

Si en el ejemplo del león y la gacela se hubiese tomado una foto del león, dicha foto representaría lo que Dembski llama información no especificada. Esta información, sin ser observada por ningún mecanismo o ente consciente, no produce ninguna respuesta o reacción, pero cuando es vista por un mecanismo o ente consciente, entonces se convierte en información especificada y, por consecuencia, produce una respuesta. En nuestro ejemplo la gacela, cuando percibió la información visual que reveló la presencia del león, fue consciente del peligro y en consecuencia respondió huyendo del mismo. De nada serviría que sus ojos funcionasen a la perfección si la gacela no es capaz de interpretar adecuadamente la información recibida y ser consciente de su significado.

Por lo tanto:

Un mecanismo consciente es aquel que es capaz de responder a una percepción o recepción de información basándose en su interpretación de la misma.

MECANISMO CONSCIENTE

INFORMACIÓN →	MECANISMO DE PERCEPCIÓN	MECANISMO DE INTERPRETACIÓN	MECANISMO DE RESPUESTA	→

Un mecanismo de seguridad con detector de infrarrojos es un mecanismo consciente ya que puede reaccionar al percibir fuentes de calor y activar, por ello, una alarma, es decir, responde. Su interpretación es muy sencilla como seria hacer chillar a un gato a causa de pisarle la cola. Existen otros mecanismos conscientes más complejos. Por ejemplo, una radio es capaz de percibir, gracias a su antena y al circuito sintonizado al que esta conectado (mecanismo de percepción), una señal radioeléctrica. Pero esto no basta, dicha señal tiene que ser amplificada, detectada y filtrada (mecanismo de interpretación) para que al final se oiga una señal de audio mediante el altavoz (mecanismo de respuesta). Como vemos la conciencia no es ningún concepto místico.

Se pueden mencionar muchísimos ejemplos de mecanismos conscientes, como un fax, un sistema de reconocimiento de caracteres (OCR), un lector de CD, etc. Todos ellos están diseñados para leer una estructura de información específica, poder interpretarla, y finalmente responder con otra estructura de información u otra acción distinta. La conciencia humana en cambio, es mucho más compleja. Esta integra conocimientos que agrupados sucesivamente forman niveles de mayor abstracción y por ello sus respuestas también son más complejas. Un físico puede encontrar belleza en determinadas ecuaciones matemáticas que para un lego solo serían un grupo de abstrusas galimatías. Un músico es consciente de muchas sutilezas en una estructura musical que para un no entendido pasaran completamente desapercibidas. Esto es porque sus mecanismos de interpretación disponen de mayores conocimientos que le permiten ser conscientes de cosas a las que otros, sin esta preparación, no les es posible interpretar.

Como conclusión se puede afirmar que toda estructura consciente es procesadora de información. Un libro, un disquete, un CD, no son procesadores de información, más bien la acumulan, pero no la procesan, por lo tanto, no son conscientes.

Ahora bien la conciencia se revela por el efecto de su mecanismo de respuesta, pero este no necesariamente se tiene que materializar. Por lo tanto, si este mecanismo fallara no significaría que el proceso consciente no se ha producido. La respuesta, por lo tanto, si bien no se ha materializado si ha sido establecida durante el proceso consciente. ¿Adónde fue entonces la respuesta si no se materializa una reacción? La alternativa es: al registro de conocimientos.

El conocimiento es una abstracción de la realidad en la cual esta última se representa y su medio de representación es precisamente información.

Ahora bien, si un mecanismo puede responder a más información será, por consecuencia, más consciente del entorno que controla, podrá tener un mayor conocimiento de su campo de percepción y, en consecuencia, será más inteligente que otro que responde a menos información y, por ende, es menos consciente de su entorno. En base a esto podemos decir que:

La inteligencia define la magnitud o cobertura de conciencia de un mecanismo en función de la magnitud de su conocimiento del entorno.

Las sondas de exploración Spirit y la Opportunity enviadas a Marte son mecanismos conscientes e inteligentes porque disponen de sensores capaces de evaluar las características del terreno de forma autónoma sin ser dirigidas desde la tierra, dada la distancia entre la tierra y Marte. Pueden procesar las correcciones de rumbo necesarias para evadir los obstáculos del terreno de forma autónoma y así evitar atascarse o quedarse bloqueados. En otras palabras, como lo diría Dembski, la capacidad de poder **elegir** alternativas en base a su conciencia del entorno y su capacidad de interpretarlo por efecto de su conocimiento, resultan ser la medida de su inteligencia.

RECEPCIÓN DE INFORMACIÓN

Hasta este momento hemos considerado preferentemente el papel del receptor y su capacidad de interpretar la información que percibe, sin importar la fuente, o más concretamente si esta es enviada deliberadamente o no. Si la fuente envía información, entonces ya no se trata de percepción, sino de recepción. Estos términos pueden confundirse pero podemos comprobar la sutil diferencia entre ellas. **La percepción recibe información sin que esta sea enviada por la fuente, en cambio una recepción recibe información que si es enviada por la misma, es decir, la fuente es inteligente** (sin importar cuanto lo sea ya que puede ser desde una simple alarma a un ser humano). En una sonda espacial la cámara de amplio campo es un ejemplo de dispositivo perceptor de información y la antena de alta ganancia para las comunicaciones con la tierra es un ejemplo de receptor.

Como todos sabemos, *la información es un instrumento de comunicación y por ello implica la presencia de un emisor y un receptor. El emisor emite el símbolo y el receptor lo interpreta, siendo el significado un convenio de ambos.*

CONVENIO EMISOR-RECEPTOR

Para aclarar esto, consideremos el siguiente caso. Tenemos a un espía altamente entrenado, en un momento dado recibe una comunicación: ejecutar el plan "E". Esta comunicación puede ser verbal, solo mencionando la E, por escrito, o de una manera más curiosa; dejando cascaras de naranja en una parte de la carretera. No importa el método, lo que importa es lo que dicho símbolo significa. La cantidad de información es mínima, no obstante, es posible que el dicho plan E sea una compleja operación, con una cantidad de información en el formato de las palabras mucho mayor a la simple mención de la letra E, a la cual a sido entrenado el espía, pero que solo él y otros autorizados saben. En cambio, a un neófito en el mundo del espionaje habrá que explicarle con detalle en que consiste el plan E. La cantidad de información medida en letras es muy distinta en ambos casos, mientras que para el espía basta con una sola letra ("E"), el neófito requiere cientos o incluso miles de letras, y sin embargo comunican lo mismo. La causa de esta diferencia se explica por tanto, en que ambos tienen unos convenios emisor-receptor distinto.

El convenio significa entonces, que ambos interlocutores, el emisor y el receptor, están de acuerdo con el significado de los símbolos implicados en su comunicación. Ambos saben lo que significa, por lo cual cada símbolo enviado por el emisor será entendido por el receptor en virtud del convenio existente entre ellos. *Cada convenio esta aplicado sobre un formato de información, que no es otra cosa que un lenguaje.*

Las personas se comunican mediante un convenio de comunicación (lenguaje), que está basado en fonemas, si son sordomudas, se basara en señas. En el caso del lenguaje basado en fonemas se pueden representar estas mediante símbolos escritos, ideogramas como es el caso de la escritura china o a partir de combinaciones de letras que puedan reproducir el fonema, como es el caso, por ejemplo, del alfabeto latino. A su vez, los ordenadores tienen que representar cada símbolo de dicho alfabeto, a nivel software, con una codificación como puede ser el ASCII. En dicha codificación a la letra A le corresponde el número 65 en decimal. Pero a nivel hardware dicho numero está representado por un código binario en el que a su vez, cada símbolo de dicha codificación, está representado por 2 voltajes distintos con los que puedan trabajar los circuitos lógicos del ordenador. Todos los convenios de comunicación mostrados tienen distinto formato debido a que corresponden a distintos niveles, el nivel más alto es el fonema y el más básico las diferencias de voltaje eléctrico.

De todos modos, sin importar el formato, este último tipo de información es receptiva (por acuerdo inteligente) y no perceptiva (por percepción sensorial). Esta es una salvedad muy importante porque a un mecanismo consciente toda estructura física, como puede ser la luz, el sonido, la temperatura, etc., puede representar **información perceptiva** más no necesariamente información receptiva. Yo puedo mirar el cielo y forjar con mi imaginación las constelaciones que me apetezca, sin embargo, realmente no me comunican nada, no son mensajes de origen inteligente y, por lo tanto, no portan ningún convenio de comunicación que pueda siquiera detectar. Pero si viera una "estrella" que se enciende y apaga con la cadencia de una clave Morse, podría inferir que es un convenio de comunicación y, por lo tanto, es **información receptiva** que tiene un origen inteligente (quizás alguien desde un globo aerostático está enviando señales de auxilio con una linterna, por ejemplo).

Resulta interesante reflexionar que el ADN incorpora, en sí mismo, un convenio de comunicación entre dos actores, un emisor y un receptor y ambas funciones pueden ser ejecutadas por el propio ADN. El ADN recibe comunicación del exterior o de alguna parte de su proteoma mediante uniones alostéricas de proteínas que así ella misma sintetizó, y a su vez, emite señales al exterior a través de otras proteínas por ella sintetizadas.

Cuándo comparamos la ingeniería de un ordenador con la asombrosa complejidad e ingenio del sistema biológico ¿Podemos decir con comodidad que el diseño electrónico capaz de interpretar el convenio de comunicación que representa el Firware tuvo un creador y que el ADN y la compleja maquinaria celular que participa en su interpretación, no lo tuvo, sino que es tan solo una "apariencia de diseño" creada por el influjo ciego del tiempo, el azar y la selección natural de Darwin? Por último, como hemos visto no existe ningún caso de plataforma de información en el universo, aparte de la biológica y las creadas por seres vivientes, que no tenga un origen inteligente. ¿Por qué entonces no inferir, si no es por pura obstinación, que la propia información biológica también lo tiene?

Notemos que hemos hablado de información y de conciencia además de haber establecido una relación entre ambas. Los mecanismos conscientes no solo procesan información, sino que también pueden crearla para comunicar significado a otros mecanismos conscientes a través de convenios de comunicación mutuos.

La pregunta que surge ahora es:

¿Puede haber información sin conciencia?

La respuesta a esta pregunta sería que **si puede haber información perceptiva (no especificada) sin conciencia, pero no información receptiva (especificada) sin conciencia**. La información receptiva, no importa lo sencilla que esta sea, será siempre de origen inteligente porque surge precisamente de un convenio de comunicación entre agentes inteligentes.

La información receptiva es un caso de estructura funcional, y como tal requerirá una restricción funcional aplicada sobre el formato físico que servirá de símbolo a fin de ser inteligible según el convenio de comunicación establecido.

CANTIDAD DE INFORMACIÓN DE UNA ESTRUCTURA FUNCIONAL

Según se estableció en el capítulo 4 la probabilidad de hallar una estructura funcional para una restricción funcional (R_f) de un sistema de complejidad C es:

$$P = R_f / C \ldots\ldots\ldots\ldots(1)$$

De acuerdo a la Teoría de la Información la misma es cuantificable como inversamente proporcional a la certidumbre de su predicción. Es decir, si sabemos el resultado de una observación no hay incremento de información, más si lo desconocemos, el símbolo o estructura funcional observado sí aportará información. Esto significa que la información de un símbolo o estructura funcional será inversamente proporcional a la probabilidad de su aparición o formación.

Es decir, si queremos expresar la cantidad de información en bits, la información se expresará como una potencia de 2 de tal modo que:

$$2^I = 1 / P$$

Aplicando logaritmo con base 2 a ambos términos resulta:

$$I = Log_2 (1 / P) \dots\dots\dots (2)$$

Finalmente, substituyendo la probabilidad de la expresión 1 en la expresión 2 tenemos que:

$$I = Log_2 (C / R_f)$$

Como conclusión la cantidad de información de una estructura funcional será igual al logaritmo en base 2 del cociente entre la complejidad de dicha estructura y su respectiva restricción funcional.

Veamos algunos ejemplos:

1) En el capítulo 3 vimos cuantas combinaciones de 3 nucleótidos con 4 posibles bases de ácido nucleico cada uno, pueden sintetizar un aminoácido. Vimos que el Triptofano sólo se sintetiza con una sola combinación de nucleótidos ($R_f = 1$), mientras que la Leucina es tan redundante que puede ser sintetizada con hasta 6 combinaciones posibles ($R_f = 6$).

Y no es la única, ya que la mayoría de los 20 aminoácidos usados en los organismos biológicos son redundantes, es decir, su restricción funcional es mayor que 1 ($R_f > 1$). Uno de estos casos es el aminoácido Serina el cual puede sintetizarse hasta con 4 combinaciones posibles de las 64 que dicta su complejidad. De este modo tenemos que la cantidad de información del aminoácido Serina será:

$$I_{Serina} = Log_2 (64/4) = Log_2(16) = 4 \text{ bits}$$

2) Veamos un caso más complejo. Para una proteína no funcionalmente redundante, es decir, que tenga funcionalidad monocontextual ($R_f = 1$) su cantidad de información será:

Estimándose su complejidad aproximadamente en 10^{130} que en base 2 es igual a $2^{432.1928}$ su cantidad de información será entonces:

$$I_{proteína} = Log_2 (2^{432.1928}) = 432 \text{ bits}$$

Capitulo 11

PLANIFICACIÓN

Ahora cabe preguntarnos ¿Qué información necesitamos para describir un sistema, para crearlo y para regular su funcionamiento?

Por los quehaceres de la ingeniería sabemos que las estructuras funcionales o artefactos necesitan, si son espaciales y físicos como una casa o una máquina, de planos para establecer donde están posicionados y conectados cada uno de los componentes, así como diagramas de proceso para construirlos (plan de construcción) y esquemas o programas de funcionamiento que nos digan cómo funciona y como interacciona con el entorno.

Toda esta información es básicamente un plan. Existen planes de construcción, de disposición y de operación, pero todos son, al fin y al cabo, el plan general de dicha estructura, y con la cual podrá la misma ser reproducida repetidamente.

¿Tienen planes las estructuras no funcionales? No, podemos esquematizar como están espacio-temporalmente dispuestas y como trascurren la evolución de sus atractores para estructurarlas, pero no son planes en el sentido que no las han llevado a la existencia como fruto de construirlas en base a ellas. El plan implica una construcción inteligente. El viento puede producir silbidos musicales de modo natural, pero no están producidos por ninguna partitura que pueda registrar **un plan de producción a fin de poder ser reproducidas**.

Veamos ahora por qué y cómo la biología se distancia de las "situaciones sencillas" de Prigogine en base a la naturaleza especial de sus "atractores" y de un concepto que tiene que entrar necesariamente en escena: La planificación.

De acuerdo a esto tendremos 3 tipos de producción de orden:

1. **Los no planificados.**
2. **Los exoplanificados.**
3. **Los endoplanificados.**

En todos ellos se necesita el concurso de tres elementos: materiales, energía (el desequilibrio termodinámico) y el concurso de uno o más atractores. Estos últimos son, en cierto modo, los directores del proceso de generación de orden. El atractor es un agente que organiza el orden del sistema y lo lleva (atrae) a un orden concreto. Un ejemplo muy sencillo lo constituye la botella con la mezcla de aceite y agua. En este caso la gravedad será el atractor que llevará a un orden que definirá una capa de agua abajo y otra de aceite arriba. Existen otros ejemplos mucho más complejos en sistemas no lineales con atractores también mucho más complejos y extraños.

Proceso no planificado

En un proceso natural, las leyes físicas y químicas, unidas a un contexto particular donde la energía y los materiales concursan en un tiempo, modo y lugar definidos, se convierten en los atractores del sistema que, de forma aleatoria, producen un orden particular. No existe ninguna planificación externa ni interna, tampoco existe una finalidad u objetivo al servicio de un usuario determinado.

Proceso exoplanificado

Es el caso de una fabricación. En él también participan tres actores: materiales, energía y el fabricante. En este caso el fabricante es el equivalente del atractor del proceso natural. Pero a diferencia de este último, nuestro "atractor" sabe lo que quiere, es decir, tiene un objetivo, y sabe además como lo puede conseguir, es decir, **tiene un plan** que es externo al proceso (exoplanificación). Este plan implica una plataforma de información constructiva y operativa independiente que no debemos confundir con la información de la estructura producto.

Al fabricar el fabricante, de acuerdo al plan, condiciona el sistema deliberadamente para proporcionarle un contexto definido de suministros de energía y materiales orquestados en un programa que los distribuye en tiempos y lugares definidos. Dicho programa o plan será, por el principio de proporcionalidad objetivo – complejidad, más complejo de acuerdo a cuan complejo sea el orden necesario a alcanzar.

Ahora, analicemos para ambos casos cual es este plan. En el proceso natural no existe ningún plan. El orden es tan aleatorio como lo es el escenario y el proceso físico o químico que lo hace posible. No hay tampoco ningún objetivo requerido por ningún usuario ante el cual resulte funcional, simplemente surge como consecuencia del efecto de los atractores que las leyes físicas y químicas exigen para el contexto natural dado, y el valor de sus condiciones iníciales.

En el caso de una fabricación el propio plan es creado en función del objetivo a alcanzar o producir. Por ello, en este caso, tenemos que el atractor de este proceso se puede dividir a su vez en un plan y en un ejecutor del plan. Esto significa que ahora son 4 elementos los participantes de este proceso y si falla alguno no se alcanzará el objetivo. Si fallan los materiales, falla el suministro de energía, no hay plan aunque haya ejecutor o, por último, sí no hay ningún ejecutor que aplique el plan a los materiales y a la energía, no se cumplirá el objetivo ni se fabricará el producto.

Proceso endoplanificado

Este tercer tipo de proceso de producción de orden llega mucho más lejos que los sistemas naturales y los exoplanificados ya que este tipo de procesos son capaces de incorporar es su seno a todos los actores del proceso de construcción de orden, es decir, son capaces de adquirir materiales, conseguir energía para procesarlos y también son capaces de ejecutar ellos mismos el plan que también incorporan en sí mismos. Ello les permite perpetuarse por un determinado tiempo e incluso reparar algunas de sus áreas dañadas y, lo que es más prodigioso, reproducir nuevas estructuras similares a ella.

Este último caso de sistema productor representa a los seres vivientes. Sin lugar a dudas todos ellos disponen de un plan escrito en el ADN y también de un ejecutor que inicia el proceso de fabricación del descendiente. Dicho ejecutor es su propio progenitor ya que él será quien inicie el proceso para que la progenie alcance la complejidad necesaria para vivir independientemente.

Vistos estos tres casos de producción de orden la pregunta que surge por necesidad es: ¿Es posible encontrar algún sistema natural no planificado de producción de orden que pueda acercarse siquiera elementalmente a algo parecido a un ser vivo? Es decir, ¿Existe por allí algún proceso natural de producción de orden no viviente que hayamos podido recrear?

Notemos que lo que queremos es convertir un sistema natural no planificado en uno endoplanificado. Descartamos el segundo tipo, el exoplanificado, por involucrar a un creador, es decir, al fabricante que podríamos ser nosotros, Dios o los "extraterrestres" y eso sería hacer trampa.

Para hacerlo no es suficiente que el sistema produzca un orden, también debe incorporar, para ser endoplanificado, un plan de auto ensamblaje y debe tener una capacidad auto reproductora que sirva de ejecutor para engendrar a los descendientes.

Hasta el día de hoy muchos científicos se han afanado en buscar sistemas de producción de orden del primer tipo (natural) que puedan siquiera aspirar a convertirse en precursores de un sistema viviente. No obstante, pese a ser sistemas muy interesantes, podemos decir que todos estos ejemplos adolecen de un problema esencial: **están fabricados por los investigadores,** es decir, terminan siendo procesos exoplanificados. Nadie en su sano juicio diría que los recursos complejos, con el costo de millones de dólares que demanda el estudio de la física de plasmas, o el conjunto de equipos y fabricación de dispositivos láser, o los ajustes que los químicos realizan para suministrar sustancias y controlar la temperatura en las reacciones químicas mágicas como la aludida reacción BZ, sean procesos naturales.

Es evidente que la intención y esperanza es que cualquiera de estos procesos de auto organización sean de algún modo símiles verosímiles de procesos naturales auto organizativos, pero, en su afán por conseguirlo, terminan **fabricando** inteligentemente el proceso y naufragando así en demostrar que existan en verdad procesos naturales en los que funcione la aparición de **orden funcional endoplanificado**.

Hasta el momento el único proceso "natural" que funciona para producir un orden complejo organizado es la vida. Y ella no actúa sola, ya que esta engendrada por la propia vida.

Concluimos con esto que los puentes que pretendidamente buscan cruzar el abismo de la organización compleja, no solo no han llegado lejos, sino qué, penosamente, y por mucho que irrite decirlo, no han llegado a ninguna parte.

¿Qué es lo que falla en esta búsqueda? Básicamente puede decirse que el problema crucial es que no tenemos ningún proceso del primer tipo que pueda incorporar un plan en una plataforma física de información. De nada nos servirá una cocina plenamente equipada con los ingredientes necesarios y un dispuesto cocinero si no existe una receta escrita en alguna parte, incluso en la propia mente del cocinero. Los músicos y sus instrumentos pueden estar muy bien dispuestos, pero sin partitura no habrá música. Tampoco ganaremos nada con abandonar a su suerte a una célula plenamente abastecida de proteínas, encimas clave y energía (moléculas de ATP) sin el plan del ADN.

Por esta razón todos los esfuerzos de multitud de matemáticos y físicos a través de la física de plasmas, el laser, las estructuras disipativas de Prigogine, así como los trabajos bioquímicos de Oparin con sus coacervados, de Fox con sus micro esferas proteinoides, el mundo de ARN y otros prospectos de auto organización de la materia hacia la categoría de la vida están condenados al fracaso por una razón odiosa y aberrante para muchas mentes:

¡**La vida es un artefacto!** Es una estructura funcional endoplanificada y, en función de dicha naturaleza, no podrá ser jamás abordada su síntesis adecuadamente desde una prerrogativa equivocada, es decir, que asuma como punto de partida un proceso natural no planificado.

En verdad la evolución no violaría la segunda ley de la termodinámica, pero sólo hasta procesos de producción de orden del primer tipo (los naturales), lo cual resulta demasiado insuficiente. A partir de allí necesita encontrar la forma de explicar la aparición de un plan químico funcional de muy alta cantidad de información que pueda convertirle en una producción de orden endoplanificada, es decir, una forma de vida. Y la vida, para complicar más las cosas, no es en modo alguno un mosaico de procesos sencillos, sino, más bien, está plagada de funciones y mecanismos altamente complejos.

Hasta aquí hemos visto que la vida es un sistema de producción de orden endoplanificado que precisa de una plataforma de información. Dicha plataforma organiza la producción de un orden preciso, es capaz de organizar los sistemas metabólicos, los sistemas inmunes, así como los de reparación y/o adaptación ante las influencias e impactos del entorno.

De modo parecido, aunque mucho más limitado, una computadora necesita una plataforma de información sin la cual todos sus millones de transistores no servirán para nada. A dicha información se la denomina Firware y se aloja en una plataforma de memoria estática llamada ROM BIOS. Dicho Firware consiste en un conjunto de programas que son capaces de reaccionar ante determinadas interrupciones que los receptores del computador son sensibles a detectar como, por ejemplo, el pulsado de una tecla o la demanda de atención del algún dispositivo. A dichos programas se los denomina vectores de interrupción y están escritos en un lenguaje que entiende el microprocesador. Todo el software con el cual trabaja el usuario no es más que el uso reiterado desde varios niveles de modularidad de estos mismos vectores de interrupción. Como vemos en este ejemplo, las computadoras son capaces de ordenar información (razón por la cual se les denomina en España "ordenadores"). Y necesitan 2 cosas; el hardware, es decir, todos sus circuitos electrónicos, y el software que dirija al primero para hacer sus labores de cómputo u ordenamiento de la información que se le suministre.

Recordemos que, en orden de complejidad y requerimientos, un sistema endoplanificado está por encima de un proceso exoplanificado y, a su vez, de un proceso natural. Entonces, dado que sabemos que el proceso exoplanificado exige a un creador, es decir, al fabricante, con mayor razón un proceso endoplanificado que lo supera y engloba requerirá también de un creador.

Por esta razón, los que pretenden encontrar procesos auto-organizados desde procesos naturales están pretendiendo decir que se puede llegar a un tercer piso sin haber pasado por el segundo, lo cual es absolutamente imposible. Puede alguno proponer con entusiasmo que ello es posible a través de un agujero de gusano de la física cuántica que conecte el primer piso con el tercero y así conseguir llegar, pero este desesperado recurso es evidentemente una solución descabellada e inverosímil para evitar tener que pasar por el segundo piso, lo cual es admitir necesariamente que estos procesos demandan un creador. Y esto, para los fieles miembros del naturalismo metodológico, es algo absolutamente inaceptable.

Capitulo 12

IMPLICACIONES BIOQUIMICAS

Ignoro lo que el lector puede juzgar sobre la utilidad de todos los conceptos hasta ahora expuestos. Habrá encontrado conceptos conocidos de la física estadística, así como algunos conceptos popularizados por Dembski y Behe aunque con otro enfoque y denominación. Y por último, también habrá encontrado conceptos y planteamientos nuevos. Continuamente a lo largo de esta obra se han expuesto paralelamente casos de la biología que ilustran estos conceptos, de tal modo que este libro ha tenido un contenido tanto matemático como biológico. Ello no es casualidad. El propósito de formular los Elementos de Estructuras Funcionales fue precisamente aportar herramientas matemáticas con las cuales comprender e interpretar adecuadamente muchos hechos de la biología.

Si bien algunos pueden pensar que este tratado tiene un compromiso tácito para defender el DI, veremos que también sirve para evaluar porque algunos ejemplos de complejidad irreductible no son tan concluyentes y ofrecen holgada cobertura para la refutación de dicho concepto. Algo que los defensores del neodarwinismo no desaprovechan en su confrontación contra el mismo. Por esta razón creo, que esta exposición no debe desdeñarse, en particular y preponderantemente en el campo de la bioquímica.

Desde que Michel Behe propuso y popularizó el concepto de Complejidad Irreductible se ha combatido denodadamente que dicho concepto ofrezca en verdad una amenaza para el gradualismo darwiniano. Los métodos y estrategias esgrimidos nos ilustran como entran en juego los conceptos planteados en este libro tanto para defender el DI como para encontrar donde fallan algunos de sus planteamientos y por consecuencia donde los defensores del evolucionismo encuentran argumentos bioquímicos para combatirlo.

Para ilustrar el caso usaré un ejemplo personal y una refutación ficticia. Luego de la misma aludiré a algunos de los casos bioquímicos que son relativos a cada refutación o defensa.

Luego de ingresar a la universidad inicie una afición por la astronomía. Viendo mi padre mi interés en la misma me regalo un telescopio sencillo, pero de excelente calidad. Antes de tener dicho artefacto hice un apaño con algunos lentes con las gafas de mi padre que padecía presbicia (eran convergentes) y otros de mi madre que padecía miopía (eran divergentes) para hacer un tosco largavistas. Pero luego me propuse dejar esa chapuza y como bricolaje, construir uno que fuera tan similar en prestaciones y apariencia al recién adquirido como fuera posible. Diseñe la montura de madera, conseguí pedazos de tubo de desagüe de 2" y otros de 1", compre en varias ferreterías varios tornillos, pernos, arandelas y otras piezas, un tubo de aluminio para colocar el ocular, pedazos de cartón negro para los interiores de los tubos y otras piezas adicionales. Compre en una óptica un lente convergente de 1 dioptría con el diámetro de 2" y utilice varios lentes extraídos de una cámara fotográfica vieja para el ocular. Después del proceso de fabricación de las piezas y el ensamblaje pinte el tubo principal de blanco, el portaobjetivo de negro y el trípode de madera con barniz oscuro. Quedo tan bien presentado que me gustaba poner los dos telescopios juntos y preguntar a mis amigos si eran de fabricación japonesa, norteamericana o de cualquier otra parte. Y por lo general ninguno reparaba en el origen artesanal del telescopio que había construido.

Supongamos ahora que para fastidiar mi embobada satisfacción por el acabado de mi aparato hubiese llegado un amigo escéptico que no solo no creyera que lo fabriqué, sino que pretendiera demostrar que no lo fabriqué. Veamos que podría haber hecho:

Lo primero que haría es observarlo minuciosamente. Luego vendría en su primera carga con el balance siguiente diciéndome:

"He observado que en tu supuesto telescopio no todas las piezas son de fabricación especifica, es decir, son monocontextuales. De hecho un 40% proceden de piezas compradas en una ferretería, lo que implica que son multicontextuales y pueden pertenecer a otros contextos o artefactos, luego tú no has construido este telescopio".

(Este es el argumento de la excepción multicontextual de componentes)

Luego yo le replicaría:

> "Es cierto que hay piezas multicontextuales, pero no puedes descartar a aquellas que no lo son y sí han sido fabricadas específicamente para este telescopio".

No satisfecho con esta objeción prosigue su ataque:

> "No, lo que tú aludes como fabricación especifica no es sino la adaptación de accesorios y mecanismos ya existentes en otros contextos a los cuales tan sólo has realizado adaptaciones menores y supone aproximadamente otro 40%. En otras palabras, te has comprado piezas de telescopios y le has hechos algunas modificaciones para luego pretender que los has fabricado tú. Además tu telescopio no es irreductiblemente complejo porque si le quitas el ampliador de campo del ocular, aún funcionará el telescopio aunque con un campo de visión más pequeño". **(Este es el argumento del sistema precursor menos complejo)**

Ante esto le contesto:

"Es verdad que hay piezas que no tiene un origen específico para la construcción de este telescopio, como por ejemplo, el objetivo no lo fabrique yo, lo mandé a fabricar con una medida específica para mi requerimiento de diseño, pero podría servir o provenir de cualquier otro aparato óptico. Sin embargo, si hay piezas que no puedes negar son de construcción propia y no existen en ningún otro aparato ni son fabricadas por nadie (son monocontextuales), y son solo fruto de mi elaboración. Tal es el caso de la montura azimutal de madera, el diseño es mío y yo talle y ensamble sus piezas".

Pero mi escéptico amigo aún tiene arsenal de tal modo que prosigue diciendo:

"No creo que la montura no provenga de algún fabricante. Tú no las has fabricado y, sí aún no he podido hallar a la empresa que lo fabrica, ya verás ¡Con el tiempo la encontraré!". **(Este es el argumento de la esperanza del eslabón perdido)**

Como vemos mi ficticio y escéptico amigo no se amilana para buscar refutar mi autoría sobre el telescopio y, como hemos podido observar, hizo uso de 3 argumentos altamente recurridos para la refutación de la complejidad irreductible. Veamos cómo se aplican en el contexto bioquímico:

EL ARGUMENTO DE LA EXCEPCIÓN
MULTICONTEXTUAL DE COMPONENTES

Las estructuras y mecanismos bioquímicos en la naturaleza tienen evidentemente componentes multicontextuales que participan en múltiples contextos. Cada aminoácido es tan multicontextual que puede ser parte de hasta 10^{130} proteínas distintas y, a su vez, existen proteínas que, por complejas, son mucho menos multicontextuales, pero que, pese a ello, participan en más de una máquina multiprotéica. Sin embargo, el que existan los componentes multicontextuales no es óbice para ensombrecer la presencia de los monocontextuales que de hecho existen en todo mecanismo biológico y son estrictamente particulares a un mecanismo o tipo de mecanismo biológico.

Un ejemplo notable de excepción multicontextual de componentes lo supone el hallazgo de Hyman Hartman del MIT y Alexei Fedorov de la Universidad de Harvard. Ellos encontraron que el genoma eucariota fundamental está compuesto por 2136 genes. De dicho conjunto 1789 genes están presentes en cualquier bacteria o arquea, con lo cual podrían haber sido aportados por la endosimbiosis serial de Margulis. Hasta aquí resulta maravilloso el argumento para la tesis evolutiva, porque tenemos nada más y nada menos que 1789 genes comunes ya útiles en los contextos procariotas de las bacterias y las arqueas. (2)

No obstante, el argumento se nos desmorona al considerar que los otros 347 genes no tienen equivalentes en ninguna arquea o bacteria que exista o haya existido jamás. Y para colmo estos 347 genes son, ¡Qué casualidad! Los implicados en cumplir tres procesos esenciales y altamente complejos, que poseen todos los eucariotas y no posee ningún procariota: La endocitosis, el sistema de transducción de señales y la factoría del núcleo. Concretamente 91 están relacionados con la endocitosis, 108 con la transducción de señales y 47 con las máquinas del núcleo (la función de los 101 restantes se desconoce por el momento). Si apelamos a lo primero y ensombrecemos lo segundo el argumento de la excepción multicontextual parece brillante, pero resulta ser una falacia ya que, simplemente, **la multicontextualidad de muchos componentes no explica la monocontextualidad de los otros.**

EL ARGUMENTO DE LA ESPERANZA
DEL ESLABÓN PERDIDO

Usando el caso anterior, Hartman y Fedorov, para eludir tan fea consecuencia para la tesis evolutiva, propusieron, amparándose en el argumento de la esperanza del eslabón perdido, que dichos genes pudieron ser aportados por un tercer integrante en la fusión llamado cronocito. Sin embargo, las bacterias y las arqueas nos han acompañado desde tiempos remotos, pero de tamaña ficción jamás se ha encontrado nada nunca. Por último, si el tal cronocito hubiesen tenido los dichos 347 genes no hubiera sido entonces un procariota, sino un eucariota en toda regla con lo cual volvemos al principio, ya que ahora abría entonces que explicar de dónde saco el cronocito dichos genes.

EL ARGUMENTO DEL SISTEMA
PRECURSOR MENOS COMPLEJO

Este es uno de los argumentos favoritos contra la complejidad irreductible. Su planteamiento básico es el siguiente:

Analiza un pretendido sistema irreductiblemente complejo y evalúa si existe algún otro que pueda prescindir de algún componente del mismo y que, sin embargo, funcione. Ya que en un sistema que pretende ser irreductiblemente complejo, si se quita tan solo uno de sus componentes el sistema perderá la coherencia de contexto y descenderá por debajo de su complejidad mínima funcional por lo que dejará de funcionar. Entonces, si a dicho sistema se le quita un componente y aún así funciona, no es irreduciblemente complejo.

El argumento funciona para muchos casos porque muchos de los ejemplos de complejidad irreductible bioquímica no están funcionando realmente en el límite de su CMF, sino por encima de ella. Además la gran mayoría de mecanismos biológicos disponen de asociaciones hibridas de componentes y, en consecuencia, también tendrán componentes con sociedad aditiva. En dichos casos, mientras la inhabilitación del componente no descienda por debajo de su específico UMF no colapsará la función del conjunto. Por otra parte no es raro encontrar sistemas menos complejos, es decir, con menos componentes que funcionan con prestaciones similares. Ello permite albergar la esperanza de que dichos sistemas pueden tener precursores y por lo tanto escalones evolutivos que los precedan o, dicho de otra forma, sean perfeccionamientos de dichos sistemas precursores. Como es el caso del recurrido ejemplo de los sistemas de visión.

Además, tal como se expuso en el capítulo 4, no todos los componentes de una estructura tienen los mismos rendimientos y, por consecuencia, su derivada; la sensibilidad, indicará en qué medida es sensible su desaparición. Si el componente participa en una asociación productiva definitivamente la estructura que le contiene dejará de funcionar, pero si participa en una asociación aditiva, su desaparición puede no impedir el funcionamiento aunque el mismo pueda deteriorarse o restringirse. En este caso su desaparición no implica aún descender por debajo de la CMF que, recordemos, solo se aplica en las sociedades productivas de componentes de una estructura funcional.

Un ejemplo de este argumento nos lo da el articulo comunicado por Roy Curtiss III de la Arizona State University Titulado "The reducible complexity of a mitochondrial molecular machine" el 24 de julio de 2009. Según los autores, que pertenecen a distintas universidades de Australia y los EEUU, la mitocondria, a diferencia de los que dicen los defensores del DI, carece de complejidad irreductible. (6) (9)

Amparándose en el argumento del precursor menos complejo los autores señalan que las diferentes "piezas complejas" de la mitocondria aparecieron por evolución desde piezas preexistentes ya en los ancestros bacterianos de las mitocondrias, donde tenían diferente función. De acuerdo a diversas evidencias experimentales muestran que las mitocondrias han evolucionado desde □-proteobacterias intracelulares en un clásico ejemplo de evolución no darwiniana.

Su investigación se centra en 4 complejos proteicos intercalados en la membrana mitocondrial llamados TOM, TIM22, TIM23 y SAM, cada uno de ellos está compuesto a su vez de hasta 8 subunidades proteicas. Dado que las bacterias no importan proteínas desde el exterior, los sistemas TOM y TIM23, que permiten la entrada de proteínas en la mitocondria, no poseen un equivalente en bacterias.

Ahora bien, si las mitocondrias tienen un origen bacteriano tendrían que haber traído este sistema importador de proteínas hacia su matriz interior que le permita interactuar con el núcleo en su nuevo contexto intracelular, pero las bacterias no poseen TIM23 por lo que deberían haber evolucionado en la mitocondria. Entonces ¿cómo puede un transportador de proteínas evolucionar cuando antes era necesario que este sistema estuviera presente para que la mitocondria se instalara en la célula? Dado que esta paradoja ha sido ampliamente utilizada por los proponentes del DI los investigadores del presente trabajo alegan que según el mismo se ha encontrado que las □-proteobacterias poseen una proteína de la familia Tim44 que funciona controlando la estabilidad de la membrana plasmática, y un homólogo a Tim14/Pam18 que funciona en procesos diferentes. La hipótesis de partida de este trabajo es que estas proteínas, junto con el transportador de aminoácidos LivH, que poseen las bacterias, **podrían** haber generado mediante "preadaptación" la maquinaria necesaria para importar proteínas del exterior. Y esto porque sólo la proteína LivH bacteriana es capaz de funcionar **como un sistema rudimentario de transportador de proteínas**. Además, se han encontrado los homólogos a Tim44 y Tim14, que en bacterias se han llamado TimA y TimB. **Mediante mutaciones puntuales en las proteínas** TimA se ha podido demostrar que ésta muestra afinidad y es capaz de interaccionar con la proteína Hsp70, que es homóloga a la proteína presente en el "motor" encargado de importación de proteínas. También se han conseguido mutaciones puntuales que permiten interacción entre LivH y TimB, lo que produce una cercanía entre ambas proteínas, que estimula la capacidad transportadora de LivH. Con estas tres proteínas actuando coordinadamente se consigue una estimulación del "motor" constituyendo un sistema de importación de baja eficacia.

Notemos como se plantea la hipótesis de que proteínas de la familia de Tim44 en las □-proteobacterias junto con el transportador de aminoácidos LivH *podrían* haber generado por preadaptación la maquinaria celular para importar proteínas, fíjense bien, del exterior de **una bacteria más no de una mitocondria**. ¿Para qué necesita una bacteria preadaptar un mecanismo **rudimentario** que importe proteínas de su exterior? Para nada salvo para absolver la esperanza naturalista de que en el futuro se convertirán en mitocondrias.

Por otra parte se han encontrado mutaciones puntuales que aplicadas sobre complejos proteicos bacterianos pueden permitirles interaccionar para conseguir sistemas de importación de **baja potencia.** Cuan baja no se especifica, pero no seamos exigentes, ya que siempre un poquito es mejor que nada.

Una prueba más de la "reducibilidad" del sistema también es presentada en este trabajo. El DI propone que para que los complejos TIM funcionen correctamente no debe de faltar ninguna de sus piezas. Hasta el momento no se ha encontrado ninguna mitocondria donde falte alguno de ellos, sin embargo no se puede decir lo mismo del complejo TOM, presente en la membrana externa de la mitocondria. Mientras que el complejo TIM23 se encuentra en la membrana interna mitocondrial, el complejo TOM se encuentra en la parte externa de la misma y está también formado por todo un conjunto de proteínas. Tres de ellas son esenciales y se encuentran en todas las mitocondrias de los diferentes reinos eucariotas: la proteína que forma el canal, Tom40, y las subunidades Tom22 y Tom7. Otros componentes importantes son Tom5 y Tom6, que se encuentran sólo en ocasiones y que incrementa el potencial del transportador. Un exhaustivo análisis de la secuencia del genoma de los microsporidios ha mostrado que han perdido las proteínas Tom22, Tom5, Tom6 y Tom7, del complejo TOM quedando solamente Tom40 como subunidad del canal. Los microsporidios son parásitos que se supone han evolucionado de organismos que dieron lugar a los hongos, pero han reducido su genoma desde que viven como parásitos. Este, concluye el informe, es un ejemplo de que un presunto complejo "irreducible" puede seguir siendo funcional con la pérdida de algunos de sus elementos.

Analicemos ahora el argumento. Se nos dice que la complejidad del sistema de transporte proteico intermembrana de la mitocondria no es irreductiblemente compleja porque:

1. Es posible aplicar ciertas mutaciones a proteínas bacterianas que no cumplen dicha función para así "programarlas" a cumplir funciones de transporte aunque estas sean rudimentarias o de baja potencia.

2. Existen unos parásitos llamados microsporidios cuyo genoma ha perdido varias proteínas del complejo TOM quedando solo la Tom40 como responsable del sistema de transporte.

Volvamos al ejemplo del telescopio. El argumento anterior es similar al que plantearía mi ficticio amigo al decir:

"Tu telescopio es una evolución de tu largavistas. Es decir, no lo creaste aparte, sino que procede de la modificación de dicho largavistas".

Es verdad que el telescopio es una evolución conceptual del largavistas, pero no es una evolución física, es decir, no he modificado ni adaptado con mejoras el largavistas para convertirlo en el telescopio. Son artefactos que, pese a tener parecida funcionalidad, son independientes con CMFs también independientes.

Para **construir** el largavistas **adapté** (el equivalente de las mutaciones de TimA) lentes que pertenecían a contextos tan diferentes de un telescopio como lo son un par de gafas, a fin de convertirlos en un objetivo y ocular a una distancia concreta que proporcionen, por la división de sus distancias focales, un pequeño aumento y así construir algo similar funcionalmente a un telescopio. **¡Pero no era un telescopio!** Tanto el telescopio como el chapucero largavistas presentan una distancia en complejidad, aún siendo funcionalmente similares. Lo mismo distingue a un avión caza F18 de una avioneta Cesna. Ambos son aviones y ambos vuelan, pero no están distinguidos tan solo por una diferencia de escala, sino de complejidad en virtud también del principio Objetivo - Complejidad que nos dice que a mayor objetivo se requerirá una mayor complejidad y en el caso del avión F18 el mismo no es una adaptación mejorada del Cesna como tampoco el telescopio lo es del largavistas. **La relación funcional no implica relación estructural.**

Los investigadores de este minucioso trabajo merecen sin duda reconocimiento por su labor científica. Sin embargo, por ser consecuentes con el naturalismo metodológico que descarta todo origen no natural, están pasando por alto las enormes distancias de complejidad entre ambos sistemas y la enorme improbabilidad de que el sistema de transporte proteico mitocondrial resulte de una mejora del incipiente sistema de transporte proteico bacteriano.

Analicemos, el sistema mitocondrial dispone de 4 complejos proteicos de hasta 8 unidades proteicas. Supongamos que en promedio sólo disponen de 5 proteínas por complejo, como la complejidad de una estructura es el producto de las complejidades de sus componentes, entonces, si la complejidad de una proteína en promedio es de 10^{130} y tenemos aproximadamente 4 complejos x 5 proteínas cada uno resultan 20 proteínas participantes en el complejo lo que supone una complejidad de 10^{2600}. Comparado con el sistema de transporte de los microspiridios basado en Tom40 al que supongamos lo conforman no 4 sino 8 proteínas, entonces su complejidad sería de 10^{1040}. Ahora bien, comparemos 10^{2600} con 10^{1040} la primera no es 2 veces más compleja que la segunda, es 10^{1560} veces más compleja. Esto no es ninguna tontería ya que se trata de un número extremadamente grande.

La falacia en el enfoque de este estudio es pretender qué, por hallar o más bien producir un sistema funcional similar al de la transportación proteica mitocondrial, entonces tenemos a un precursor y con ello probamos la irreductibilidad de dicho sistema. Pero en realidad no lo probamos porque el estudio si bien plantea la afinidad funcional entre ambos sistemas, reconoce que sus rendimientos son diferentes ("rudimentario", "baja potencia") lo que, en consecuencia, **implica diferencias substanciales en complejidad**, y ello a su vez, aunque irrite decirlo, invalida que dichos sistemas de transporte bacterial sean en realidad matemáticamente verosímiles precursores del sistema mitocondrial.

EPILOGO

Por todo lo que hemos visto se puede predecir, sin ser profeta, que los científicos contrarios al DI seguirán encontrando muchos más sistemas "precursores" para reducir sistemas irreductibles en el futuro. **Y siempre pasaran por alto el hecho de que una relación funcional no implica una relación estructural**. Mientras puedan encontrar en otros contextos biológicos símiles funcionales menos complejos la falacia del precursor menos complejo se seguirá utilizando hasta la saciedad.

Para finalizar es conveniente aconsejar que, en la investigación bioquímica del DI, se deben realizar, para los ejemplos de sistemas bioquímicos irreductiblemente complejos los siguientes análisis:

1. Hay que evaluar cuál es la ecuación de funcionalidad del sistema y con ello qué tipo de sociedad funcional (aditiva o productiva) tiene cada componente estructural.

2. Que componentes son multicontextuales y cuales son monocontextuales.

3. Cuantificar las distancias de complejidad estructural entre las mismas y otros sistemas de similar función, pero rendimiento inferior. Los mismos que los naturalistas no discriminan en sus propuestas de precursores.

Si bien la realidad biológica es sumamente compleja, será complaciente con la correcta interpretación y renuentemente esquiva con la errónea. Los conceptos de este libro pueden servir pues para calibrar la evidencia en la bioquímica del DI a fin de presentarla de una manera más sólida y menos vulnerable al ataque, así como para evaluar cuando los argumentos naturalistas resultan ser el entusiasta y científicamente elaborado fruto de un argumento falaz.

REFERENCIAS

1- Richard E. Dickerson. La evolución química y el origen de la vida. Especial de Evolución de la revista Investigación y Ciencia.

2- Javier Sanpedro. Deconstruyendo a Darwin. Editorial Crítica.

3- William Dembski. El Diseño Inteligente como Teoría de la Información.
http://www.ciencia-alternativa.org/articulos.htm

4- Francisco J. Ayala. Mecanismos de la evolución. Especial de Evolución de la revista Investigación y Ciencia. Pag. 15 a 28

5- John Horgan. Búsqueda inacabada del origen de la vida. Investigación y Ciencia Abril 1991 N°175

6- Abigail Clementsa,1, Dejan Bursaca,b,1, Xenia Gatsosb, Andrew J. Perrya, Srgjan Civciristova,b, Nermin Celika, Vladimir A. Likicc, Sebastian Poggiod, Christine Jacobs-Wagnerd,e, Richard A. Strugnellf, and Trevor Lithgowa,2 aDepartment of Biochemistry and Molecular Biology, Monash University, Clayton 3800, Australia; bDepartments of Biochemistry and Molecular Biology and fMicrobiology and Immunology and cBio21 Molecular Science and Biotechnology Institute, University of Melbourne, Parkville 3010 Australia; dDepartment of

Molecular, Cellular and Developmental Biology, Yale University, New Haven, CT 06520; and eHoward Hughes Medical Institute, New Haven, CT 06520
"The reducible complexity of a mitochondrial molecular machine" Communicated by Roy Curtiss III, Arizona State University, Tempe, AZ, July 24, 2009 (received for review May 11, 2009)

7- Michel J. Behe. La caja negra de Darwin. Editorial Andres Bello. 1996

8- Berkely Physics Course. – Volumen 5. Física Estadística. Editorial Reverte S.A. 1996

9- La reducible complejidad de las mitocondrias. Blog: La ciencia y sus demonios.
http://cnho.wordpress.com/2009/09/25/la-reductible-complejidad-de-las-mitocondrias/

10- Peter R. Grant. La selección natural y los pinzones de Darwin. Investigación y Ciencia. Dic.1991. N°183

11- Peter Coveney y Roger Highfield. La Flecha del Tiempo. La organización del desorden. Editorial Plaza & Janes. 1990

12- Anthony J.F. Griffiths, William M. Gelbart, Jeffrey H. Miller y Richard C. Lewontin. Genética Moderna Mc GRAW HILL INTERAMERICANA. 2000

13- Antonio Prevosti. Polimorfismo cromosómico y evolución. . Especial de Evolución de la revista Investigación y Ciencia. Pag. 86 a 99

14- Nicolas A. Roman C. Oparin siempre estuvo equivocado. 1986

15- Sean B. Carroll, Benjamin Prud'homme y Nicolas Gompel. La regulación de la evolución. Investigación y Ciencia. Julio 2008

16- H. Frederik Nijhout. Importancia del contexto en la genética. Investigación y Ciencia. Agosto 2004

17- David Appell. Saul Perlmutter: Fuerzas oscuras. Investigación y Ciencia. Julio 2008

18- Ilya Propogine. ¿Qué es lo que no sabemos?. Traducción rosa María Cascón http://serbal.pntic.mec.es/~cmunoz11/prigogine.pdf

19- Francis S. Collins. ¿Cómo habla Dios?. Editorial Planeta. 2006

20- Cristian Aguirre. ¿Diseñó Dios la vida?. 2009. http://www.lulu.com/content/7175293

21- W. Wayt Gibbs. "El genoma oculto". Investigación y Ciencia.

22- Anónimo. Cambios cromosómicos numéricos. http://www.unavarra.es/genmic/genetica%20y%20mejora/ genetica_y_mejora_vegetal.htm

23- Nieves López Martínes y Jaime Truyols Santoja. Paleontología. Editorial Síntesis.

24- Valentine, Jablonski y Erwin. Fossils, Molecules and embryos: new perspectives on the Cambrian explosion. 1999

25- Máximo Sandín. LAS SORPRESAS DEL GENOMA. Boletín de la Real Sociedad Española de Historia Natural. Departamento de Biología de la Facultad de Ciencias. Universidad Autónoma de Madrid.

http://web.uam.es/personal_pdi/ciencias/msandin/